データ思考入門

荻原和樹

JN054040

講談社現代新書

2694

はじめに

ほんとうの意味で「データに強くなる」

今日の気温、企業の株価、内閣支持率、満足度アンケート……。私たちの周囲にはデータがあふれています。そして、私たちが目にする数多くのデータは、数字そのものではなく、グラフや地図といった形で表現されています。

データをわかりやすく、見やすく視覚的に表現することを**「データ可視化」**と呼びます。仕事でも日常生活でも、今やデータを扱うスキルは誰もが例外なく求められる必須教養になりつつあります。データを正しく理解し、正確に情報を伝える――そのためにも、データ可視化は必要不可欠の技術であり、現代のデータ社会を生き抜くための強力な武器だといえます。

この本では、データ可視化を効果的に行うために必要な**「データ思考」**と呼ぶべき思考法を丁寧に解説していきます。この本を読むことで、データを正しく読めるようになるのはもちろん、実際に皆さんがデータを使いこなし、効果的に情報を伝えるための「データ

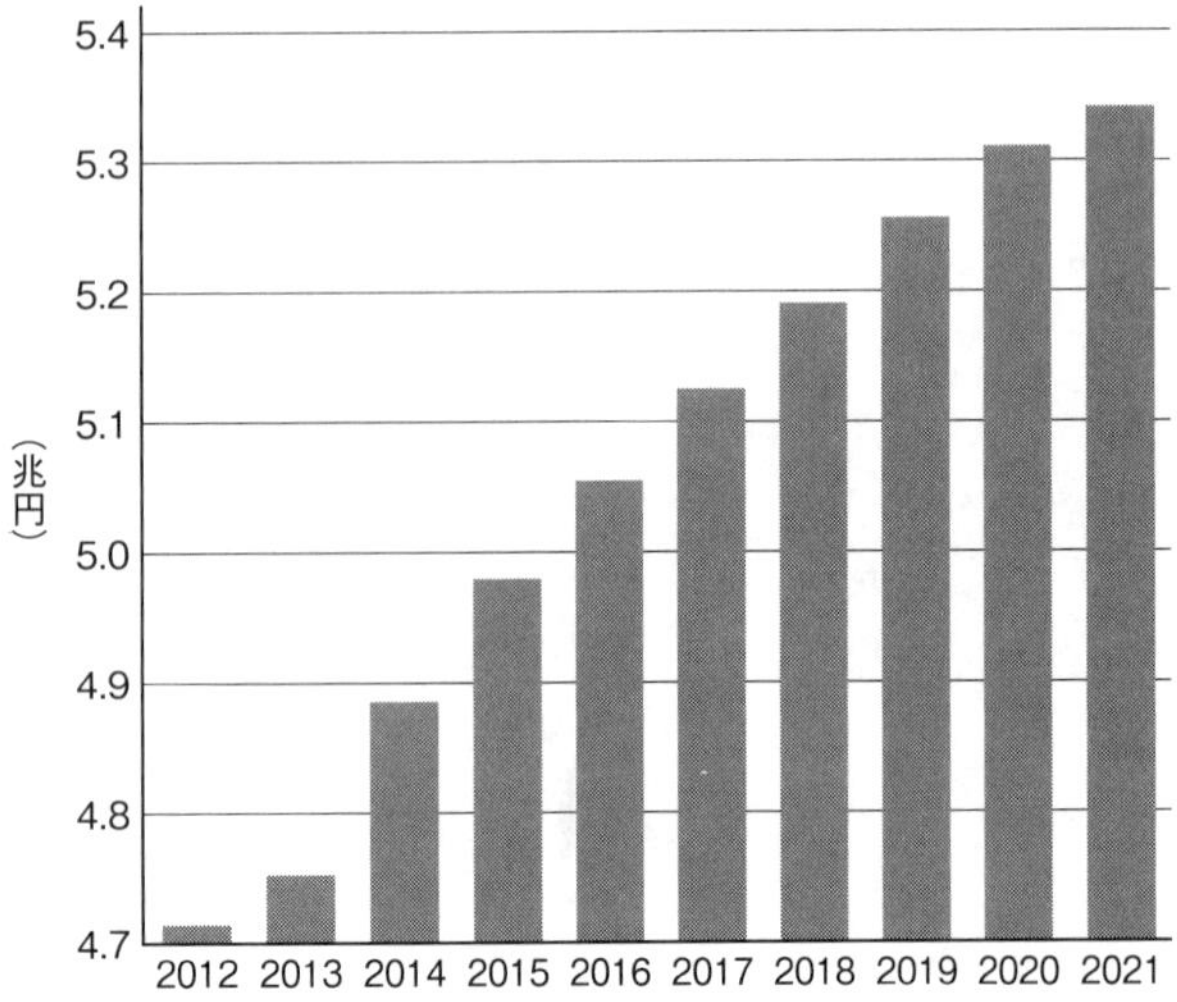

図0-1　防衛関係費の推移・当初予算ベース（データ：財務省）

可視化のための考え方」を身につけることができます。数字や統計に苦手意識がある方でも、ほんとうの意味で「データに強く」なれるでしょう。

データに説得力を持たせるには

データ可視化のスキルを手に入れるためにも、「データ思考」を理解することがとても大切です。なぜなら、使い方を知らないままデータ可視化という武器を無闇に振り回すと、強い批判を招いたり、周囲の信頼を失うことになりかねないからです。

まずは、図0－1をご覧ください。

これは、ある新聞記事で使われた図表を再現したものです。2012年か

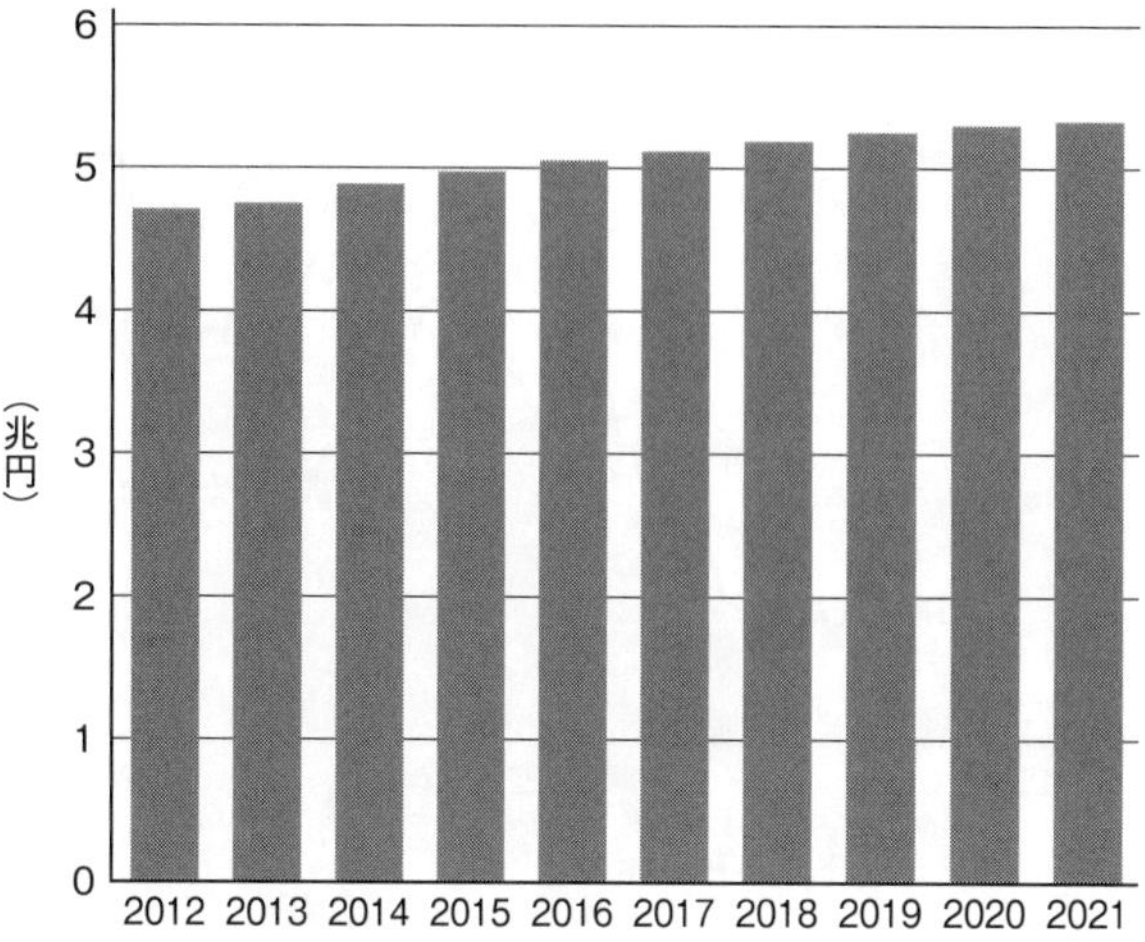

図0-2　防衛関係費の推移・当初予算ベース（データ：財務省）

ら2021年にかけての、日本の防衛費の推移を表したグラフです。記事では「日本の防衛費はこの数年で急増している」というストーリーを補強するデータとして掲載されていました。

しかし、グラフの縦軸に着目すると、4・7兆円から下は省略されています。これを省略せずゼロから表現すると、図0－2のようになります。

たしかに増加傾向にはありますが、先ほどとは印象が異なり、ほぼ平坦なグラフになりました。このように、データの軸を不適切に省略したり、あるいは自説に都合がよい部分だけ切り取ったりして、受け手の印象を操作するケースもあります。こうしたグラフは

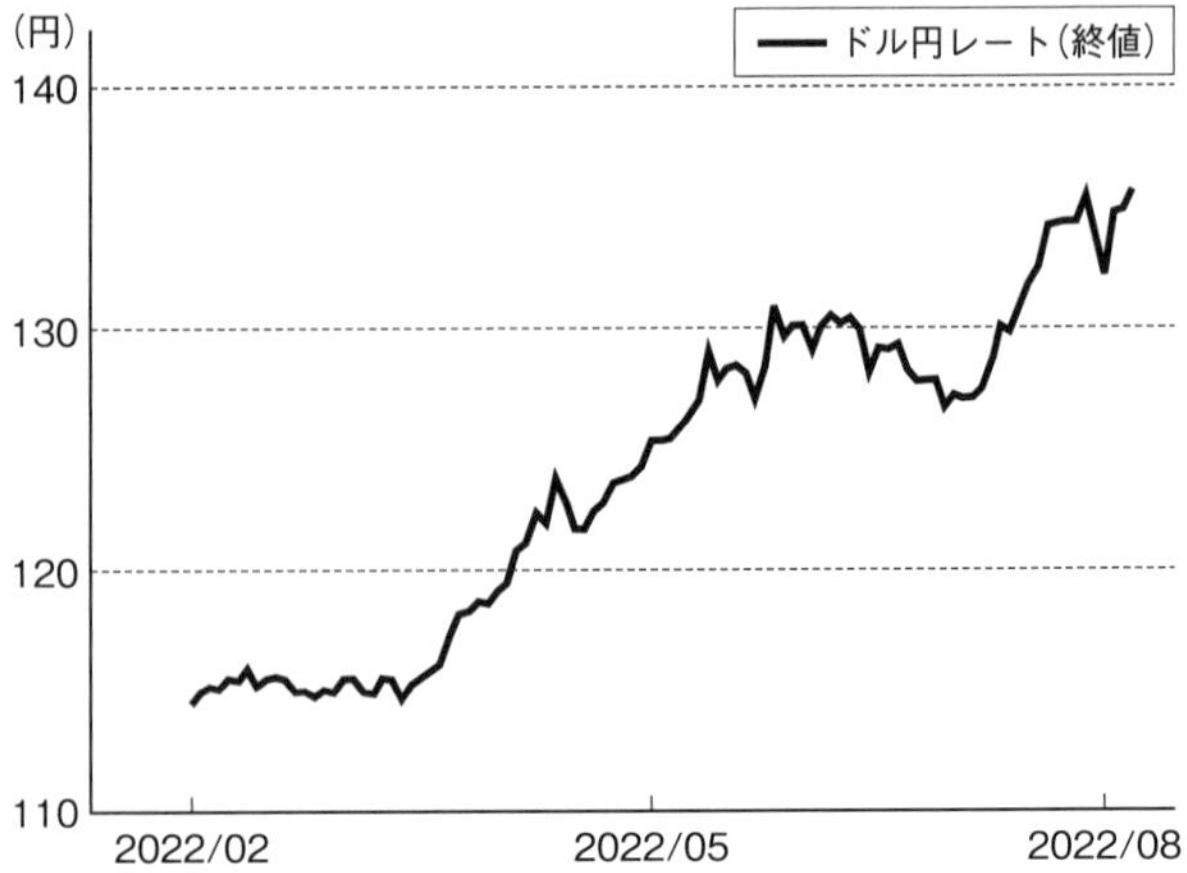

図0-3　東京市場ドル・円スポット(データ：日本銀行)

ネット上で「詐欺グラフ」などと呼ばれ、強く非難されます。

データをわかりやすく伝えることは、自分の考えを伝える際の説得力や信頼に直結します。裏を返せば、たとえ意図的でなくてもこのような誇張を行ってしまうと、周囲からの信頼が大きく損なわれることになります。このような事態を避けるためにも、適切にデータ可視化を行わなくてはいけないのです。

それでは、次の図0－3はどうでしょうか？

これは2022年2月から8月にかけての米ドルと日本円のレートです。図0－1と同様に縦軸が省略されていますが、為替レートはわずかな変動が経済社会に大きな意味を持つこと、ドル円の額面から考えてゼロの近くまでグラフが必要となる可能性がほぼないことから、軸が省略された状態で表現されるのが普通です。仮にこのグラフをゼロまで表示したら、今度は「値動きを過小に表示している」との批判が起こるでしょう。

先ほどの防衛費に関するグラフでは、縦軸を省略することで変化が誇張され、批判されました。一方、為替レートのグラフでは、むしろ軸の省略によって情報を適切に伝えることができました。「軸の省略は常に悪い」とは限らないのです。

数字だけ見れば似ているデータであっても、その意味や文脈を踏まえた適切な表現の方法は異なります。知らず知らずのうちに誤解を招くような方法を使ってしまうリスクを避けるためにも、「データ思考」は不可欠です。

「データ思考」を身につけると、誇張を避け、相手に誤解させることなく、データから得られる知見を過不足なく理解してもらうための考え方が身につきます。同じデータでも、ただ漫然と作ったグラフと、データの意味や内容まで踏まえて適切な伝え方をしたものとでは、得られる価値に天と地ほどの差が出ます。

アクセスが殺到した新型コロナのグラフ

2020年2月、新型コロナウイルスの感染者が日本でも少しずつ増え始めたころ、私

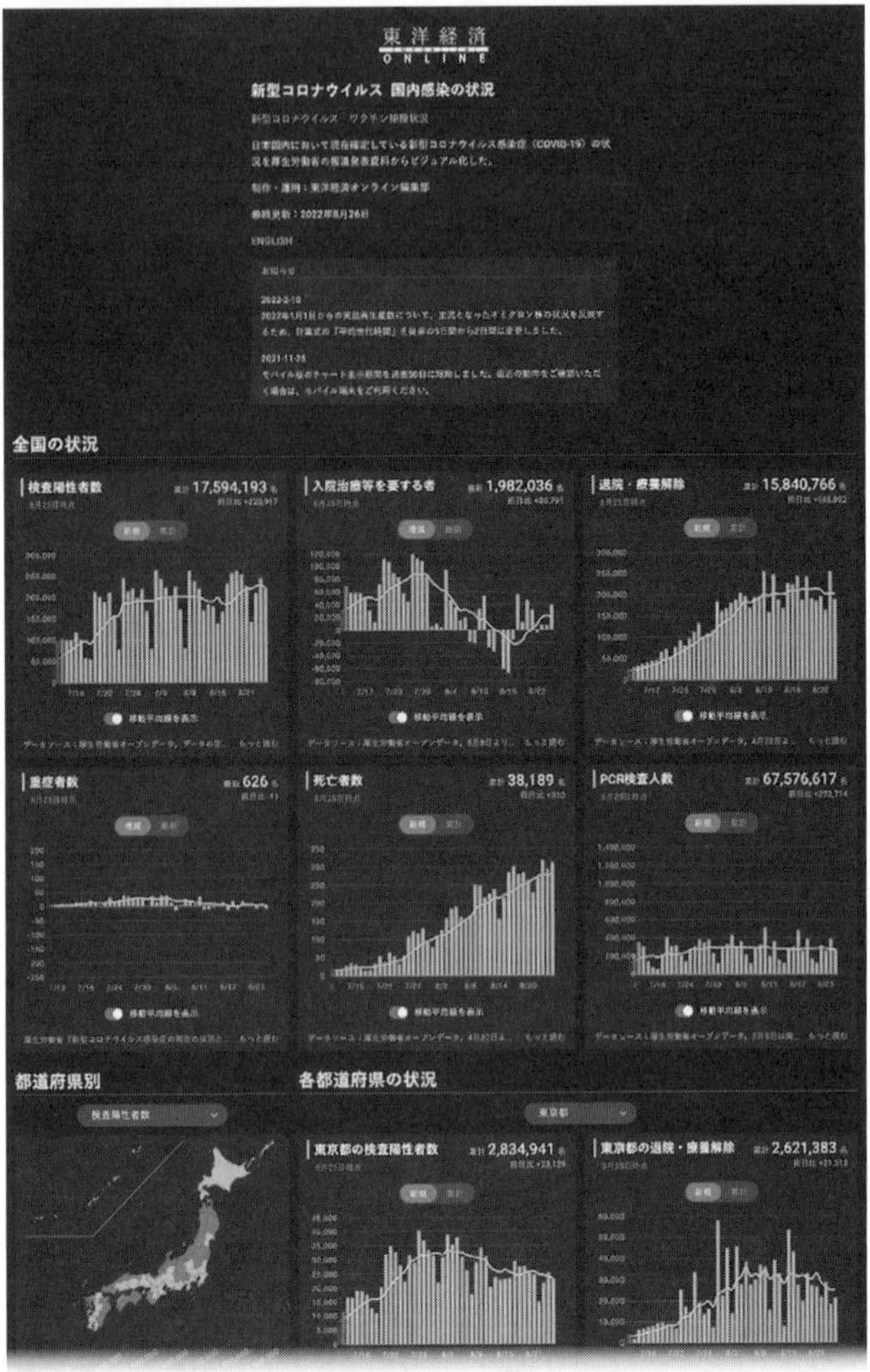

図0-4　東洋経済オンライン「新型コロナウイルス 国内感染の状況」

	PCR検査実施人数	PCR検査陽性者(うち湖北省滞在歴がある者)	うち無症状者	うち退院した者	うち入院中の者(予定を含む)	うち有症状者	うち退院した者	うち入院中の者	うち軽～中等症の者	うち人工呼吸器又は集中治療室に入院している者※2	うち確認中	うち死亡者	症状有無確認中
国内事例(チャーター便帰国者を除く)	1,229人	171※1 (13)	15	4	11	156	26	127	60	16	51	3	0
チャーター便帰国者事例(水際対策で確認)	829人※3	15 (14)	4	4	0	11	6	5	4	0	1	0	0
合計	2,058人	186 (27)	19	8	11	167	32	132	64	16	52	3	0

図0-5　感染症流行初期における発表（画像：厚生労働省「新型コロナウイルス感染症の現在の状況と厚生労働省の対応について（令和2年2月27日版）」）

はウェブメディア「東洋経済オンライン」で新型コロナのデータを一覧できるダッシュボード（複数のグラフや地図を一元化して見られるツール）を制作しました。ここでは厚生労働省から発表される日々の感染者数（検査陽性者数）や重症者数といったデータを整理し、グラフや地図で表示しました（図０－４）。

このダッシュボードには私の予想をはるかに超える勢いでアクセスが殺到し、テレビ局や国内外の研究者から問い合わせが相次ぎました。大手の新聞社やテレビ局が同様のダッシュボードを公開してもその勢いは変わらず、新型コロナに関する２０２０年の報道コンテンツで最も多くＳＮＳでシェアされました。

新型コロナのダッシュボードがこれだけ社会的な耳目を集めたのはなぜか。実は、東洋経済オンラインがこのダッシュボードを公開する前から、厚生労働省はウェブサイトでデータを公開していました。図０－５は、感染症流行初期における厚生労働省の発表資料の一部です。

ご覧いただくとわかるように、ここでは日ごとに数字の表が発表されるだけで、一切の「可視化」が行われていない状態です。

そのためか、このデータは社会的にほとんど注目されず、報道でもほぼ活用されていませんでした。新型コロナウイルスが日本に「上陸」してきた2020年2月当時のニュースは「○○県で初の感染確認」「○○でクラスター（集団感染）が発生」といった断片的な速報がほとんどであり、「今どのような状況か」「全体の傾向はどうなっているのか」が極めて捉えにくい状況でした。感染者や特定地域に対してデマや中傷が広がるなど、不確かな情報が錯綜した時期でもありました。

全体像がわからないまま断片的な情報を見続けると、どうしても不安が煽られがちになります。そこで、データによって冷静に概況を把握することで読者が落ち着いて情報収集できるのではないかと考え、休日を返上して開発したのが図0－4のダッシュボードです。グラフや地図を作るには、自分で過去すべての発表を確認し、日ごとの数値や個別の感染事例を集計する必要がありました。

結果的に主要メディアで最も早い公開となり、多くの人にシェアされました。「こんな報道を求めていた」「冷静にデータを俯瞰できて不安が和らいだ」といった声は大いに励みになりました。

ただ数字を羅列するだけでは、データを「伝える」ことにはなりません。どんなに貴重で有用なデータであっても、人にその価値を認識されなければ情報の洪水に埋もれてしまいます。グラフや地図などの視覚表現を駆使して見やすく、わかりやすくデータを表現することで、社会や組織でデータを活用できるようになります。

データ可視化は、データをただ機械的にグラフへと変換することではありません。配色、フォント（書体）や強調するデータの打ち出し方など、工夫の余地は至る所にあります。本書の後半でも解説しますが、東洋経済のダッシュボードが評価されたのは、こうした改善を地道に続けたことが大きいでしょう。「素材」となるデータが同じであっても、可視化の技術を駆使することで多くの価値を引き出すことができます。

どのようなデータであっても、その価値を最大限に引き出すようになる思考法が「データ思考」です。

本書の特徴と構成

あるデータを「見やすい」「わかりやすい」と感じるとき、そこには必ずデータの意味や構造を踏まえた見せ方の工夫があります。それは根拠とロジック（論理）に基づいたものであり、方法論を学べば誰でも同じようにわかりやすいグラフや可視化が再現できるよ

うになります。

現代社会ではデータが使われる場面は多岐にわたりますが、どのようなデータであってもわかりやすい見せ方をするための基礎である「データ思考」を学ぶことが本書の目的です。本書を読むことで、難解で複雑なデータを読み解き、誇張や誤解を避けつつ適切な視覚表現に落とし込むことができるようになるはずです。

逆に、本書では特定のツールやプログラミング言語の解説はしません。可能な限り専門用語や技術的な解説は使わず、プログラムや数式に馴染みのない方でも理解しやすい記述を心がけています。これにより、本書を読んでいる方がどのツールを使っていても、あるいは会社でどのような仕事をしていても、役に立つ知識になるはずです。5年後や10年後、ツールや言語が移り変わっても通用するポイントに絞っています。

本書の多くは私自身の経験に基づいています。東洋経済新報社でデータ可視化を活用した報道コンテンツを幅広く制作し、その後スマートニュースのメディア研究所を経て、現在はＧｏｏｇｌｅで報道機関のジャーナリスト向けにデジタルスキルなどのトレーニングを行う仕事をしています。データ報道の企画からデザイン、プログラムの開発から記事の執筆までを経験し、社会のあらゆる人々にデータの価値や要点を伝えることを意識してき

ました。本書では、私自身が何度も冷や汗をかいて学んだ経験を言語化し、データ可視化を始めたいと考える人に具体的な手順や考え方を解説します。

本書は大きく基礎編（1〜4章）と応用編（5〜9章）に分かれています。

まず基礎編では、データ可視化とは何かを概観し、データを読み解いて可視化の編集を行うまでを「データを読み解く」「編集する」とステップに分けて、データ思考とは何かを解説します。基礎編を読めば、初めて見るデータであっても意味や構造を踏まえて適切な表現を選ぶことができるようになるでしょう。

続いて応用編では、私自身の制作経験から実践的なデータの伝え方を扱います。予想や不完全なデータなど一筋縄ではいかないケースへの対処法、ユーザーの意見の活かし方、データによる差別や炎上などを避けるための方法など実際の事例を交えて解説します。

目次

第4章　データを編集する（実践編）

第5章　データをデザインする

第1章　データ可視化という強力な武器

この章では、そもそもデータ可視化がなぜ私たちに必要なのか、なぜ現代でデータを扱う能力が必要とされているのかを解説します。技術の進歩によって飛び交うデータの量が増え、誰でも簡単にグラフや地図が作れるようになった現代だからこそ、その洪水に溺れずデータを適切に読み解いてメッセージに変換する能力が求められています。

人はデータを「読む」ことができない

「データを読む」「データの読解力」といった表現は日常的に使われます。しかし、本当に私たちは数字で表されるデータを読んでいるのでしょうか?

試しに、図1－1の数字を読んでみてください。

「X」「Y」と表示されていることから、何らかの数列や座標を表していると読み取れるでしょうが、ここからデータの概要や傾向が把握できるでしょうか。頭の中だけでそれぞれのポイントを形作ることは極めて困難でしょう。

答えは図1－2です。

表の数字は、平面上のハートを構成する点を表したものでした。画像であれば「ハートである」と一目でわかるデータでも、数字をそのまま提示されるだけで理解することはほぼ不可能です。私は今までにいくつかの講演でこの数字を見せたことがありますが、数字

X	−11	−13	−15	−16	−17	−16	−15	−12	−8	−7	−4	−1	0
Y	−5	−3	0	3	6	9	11	14	15	15	14	11	9

X	1	4	7	8	12	15	16	17	16	15	13	11	0
Y	11	14	15	15	14	11	9	6	3	0	−3	−5	−15

図1-1

だけでハートだとわかった方はいませんでした。私自身も予備知識のない状態で見せられたら何だかわからなかったでしょう。

人は数字をそのまま「読む」ことができません。そもそも学校や職場で「数字の羅列を見て頭の中でグラフを作れ」といった訓練は受けていないでしょうから、考えてみれば当然のことです。

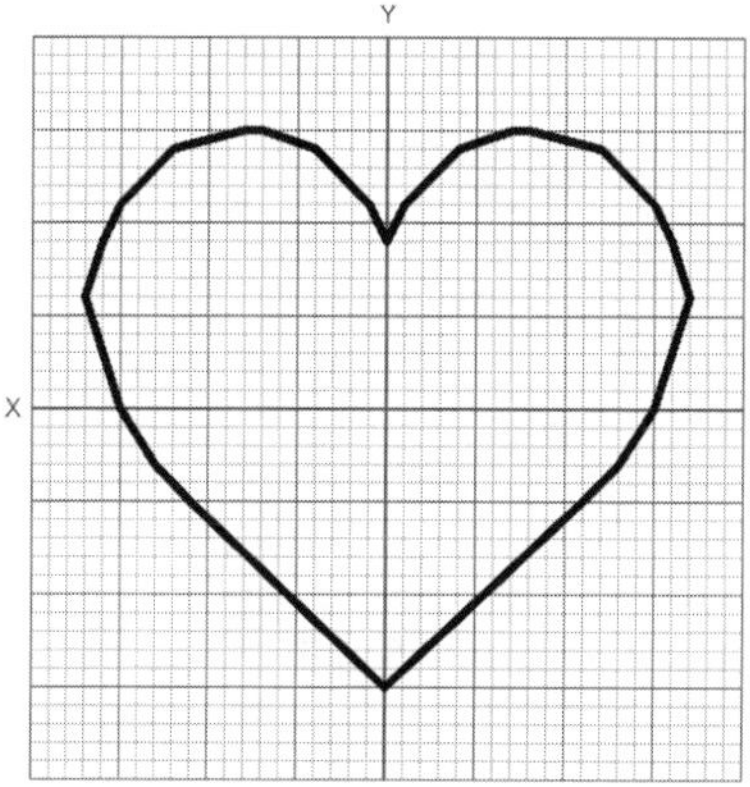

図1-2

これはビジネスにおいても同じです。たとえば売り上げの数字やウェブサイトへのアクセス数を読むだけで「今週の売り上げは高止まりしている」「昨日のアクセスはあまりよくなかった」と瞬時に理解できるのは、よほど数字を見慣れているベテランだけです。

データ可視化とは何か

ここで役に立つのがデータ可視化（Data Visualization）です。「データ視覚化」とも呼ばれます。

『データビジュアライゼーション　データ駆動型デザインガイド』（アンディ・カーク、朝倉書店、２０２１年）によると、データ可視化とは「理解を促進するためのデータ表現と提示」と定義されます。やや抽象的な表現ですが、要するにデータを何らかの図表に変換したものはすべてデータ可視化に該当します。

私たちが見慣れた棒グラフや円グラフも、もちろんデータ可視化に含まれます。他にも、散布図、３Ｄグラフィック、地図などの表現もデータ可視化の事例として有名です。最近ではデジタル技術の進歩によって、紙に表現できる静止画だけではなくＰＣやスマートフォンで動くアニメーションなども増えています。

データ可視化は、しばしば「見せる」だけと誤解されることがありますが、最終的な目標は「直感的に理解させる」ことであり、視覚以外の表現も活用されることがあります。たとえばインタラクティブな表現です。インタラクティブとは、ボタンを押したり画面をドラッグ＆ドロップすると、情報が切り替わったりズームされたりと、ユーザーの操作によって表示される情報が変わることを指します。ウェブサイトやスマートフォンアプリによって自由に拡大・縮小できる地図や、ボタンの切り替えによって集計する項目を変えられるグラフなどがこれに当たります。

もとになる情報も数字だけでなく、たとえば大量の文字情報を単語で集計して頻繁に登場する単語を大きく表示する「ワードクラウド」のように、表現できる情報は数字にとどまりません。

座標の数字をハートに置き換えたように、データをグラフや地図など視覚表現に置き換えることで、数字を見慣れた専門家やベテランだけでなく、多くの人が同じように数字の概要を把握することができます。

「百聞は一見にしかず」という言葉があるように、画像や実物を「見る」あるいは「触れる」ことのインパクトは言葉による説明よりも強力です。どんなに大量のデータがあっても、私たちが理解できる表現に変換しないと、データの推移や傾向を把握することが極めて難しくなります。大量のデータという波にさらされる現代において、データ可視化は私たちがデータに溺れないための武器でもあります。

技術進歩によって身近になったデータ可視化

近年のデジタル技術の発展により、データ可視化はますます私たちに身近なものとなりました。

最も大きな変化は、デジタルデータの収集や分析が手軽にできるようになったことでしょう。「ビッグデータ」という言葉が２０１０年代前半にバズワードとなったように、大量のデータを収集して分析することが小規模な組織や個人にも可能になりました。これによって、データを理解するための手段であるデータ可視化も重要性が増したといえます。

また、ビジュアル面ではスマートフォンなど「触れる画面」が普及したことも大きな変化です。私たちは紙の新聞や雑誌などではなくスマートフォンやタブレットで情報を摂取するようになりましたが、地図を拡大・縮小したり、スイッチで画面の表示を切り替えたりすることはもはや当たり前になりました。

これに伴い、データ可視化の制作ツールも普及しました。従来、複雑なデータ可視化を作るためには手描きで作図したり、プログラムを書いたりする必要がありましたが、今では手元のＰＣやスマートフォンで簡単にグラフや地図を作ることができます。ビジネスではTableau、Power BIといったＢＩ（ビジネスインテリジェンス）ツールが広く普及しています。報道分野でもFlourish、Datawrapperといった制作ツールが使われるケースが増えていますし、そもそも簡単なグラフであればExcelなど表計算ソフトでも作れます。

これらの技術進歩によって、データ可視化を私たちが見る・作る機会は大幅に増えました。しかしその一方で、制作が簡単になったことで不適切なデータ可視化を見ることも多くなりました。目盛りを無闇に省略したり、自説に都合のよいデータだけ抜き出したりするなどして、私たちの印象を不当に操作しようとするものです。

最近では「フェイクニュース」という言葉に代表されるように、誤った事実があたかも正しいかのように吹聴されることが増えました。これはデータでも同様です。データ可視化の制作が容易になったことは、裏を返せば専門家でも何でもない人がデータ可視化を作れるようになったことを意味します。その結果、まるで客観的な事実を提示しているかのように見せて偏った印象を披露するデータ可視化がSNSで広くシェアされることも増えたように思います。

私たちがこれに対抗するためには、データのリテラシーを身につけることが不可欠です。それを本書では「データ思考」と呼びます。データ思考を高めるには、そもそもデータをどのように可視化し、どう提示すべきかを学び、「作る側」の視点を学ぶことが最も重要だと考えています。危ういデータ可視化があふれる現代だからこそ、私たちはデータ可視化に関する知識を身につけて騙されないようにしなければいけません。

ナイチンゲールが作った画期的なグラフ

現代においてデータ可視化が必要となるのは、何といっても人にデータを伝える場面、特にデータを使って人を説得する場面でしょう。データを集めて適切に可視化をすることで、自分の主張に強い説得力をもたらすことができます。

歴史的に、そのようなデータ可視化の「名作」を作った人物として、まず最初に名前が挙がるのがフローレンス・ナイチンゲールです。「クリミアの天使」「ランプの貴婦人」とも呼ばれ、一般的には看護師・看護教育におけるパイオニアとして知られたナイチンゲールですが、同時に統計学者としてもめざましい功績を残しました。むしろ本人は自身につけられたニックネームをあまり好んでいなかったようです。

１８２０年、ナイチンゲールはイギリスの裕福な家庭に生まれました。「フローレンス」という名前は、ナイチンゲールが生まれたときに両親が新婚旅行で訪れていた都市フィレンツェの英語読みです。姉と共に歴史や数学など高度な教育を受けたナイチンゲールは、看護師としてロンドンで働きますが、クリミア戦争が勃発すると従軍看護師として現在のトルコ・ユスキュダルにある野戦病院に配属されます。そこで劣悪な衛生状況によって兵士が死亡するのを目の当たりにしたナイチンゲールは、軍部を説得するため独自のインフォグラフィックを制作します（図１－３）。

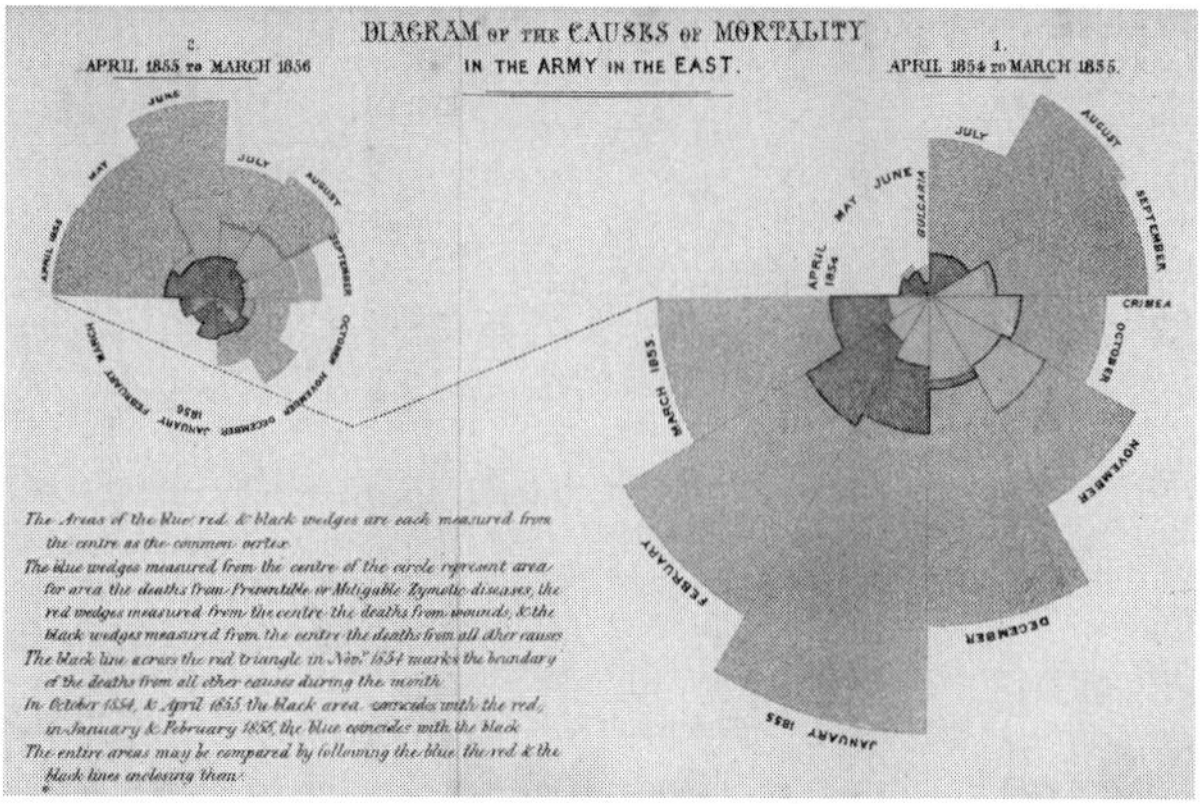

図1-3　ナイチンゲールのローズ・ダイアグラム
（画像：Wikimedia Commons）

このダイアグラムが集計しているのは兵士の死亡原因です。1年間を月別に12の扇形に分け、右側の円が1854年の4月から翌年3月、左側がその翌年を示しています。右側の円の最も内側部分が負傷、中間がその他、外側が感染症による死亡を表しています。この特徴的な扇形を集めた図表はナイチンゲールが自ら考案した視覚表現です。現在ではその形から「ローズ・ダイアグラム」「鶏頭図」「鶏のとさか」といった名称で呼ばれます。

右側の扇形から読み取れる最も重要なメッセージは「兵士の死亡原因は負傷そのものではなく感染症の方が圧倒的に多い」というものです。感染症による死亡を示す外側の部分が極端に大きいことが見て取れます。図表左下の文章でも、外側の部分は「予防・軽減可能な感染症によるものである」と強調されています。ナイチンゲールはこのデータをもとに軍部と交渉し、野戦病院の衛生状態を改善することで、死亡率を劇的に低減させました。左側の円において後半（円の下部分、時期でいうと1855年の10月以降）の扇形が急激に小さくなっているのがそれを示しています。

ナイチンゲールは「医学統計の創始者」と呼ばれる疫学者ウィリアム・ファーの助言を受けてこのインフォグラフィックを作成し、病院の食事や設計など様々な点を変更するようにイギリス政府に対して働きかけました。「データをもとに仮説を立て、視覚的に理解しやすい表現を考案して周囲を説得し、状況の改善を図る」というデータ活用のお手本のような一連のプロセスです。

この他にも、19世紀半ばには医療や貿易などの分野で現代でも語り継がれる著名なデータ可視化の傑作が生まれました。それらは現代の「グラフ」よりも複雑な視覚表現を用いており、見ていて飽きない美麗な作品も多いので、興味のある方はぜひ調べてみてください。

「グラフの父」ウィリアム・プレイフェアの栄光と挫折

では私たちが日常的に使う各種のグラフは、どのように現在の形にまで至ったのか。棒グラフ、折れ線グラフなどの原型と見られる作品は数百年の歴史を遡る必要がありますが、それらを定式化した人物として知られるのがウィリアム・プレイフェアです。

プレイフェアは後に数学者となるジョン、建築家となるジェームズを兄に持ち、1759年にスコットランドで生まれました。牧師であった父が早くに亡くなり、ウィリアムは長兄ジョンから教育を受けて育ちました。ジョンは後にエディンバラ大学の自然哲学の教授となりますが、ここでウィリアムは兄の薫陶を受け、観察結果を視覚表現に置き換えることを学びました。その後、蒸気機関を実用化したことで知られるジェームズ・ワットの製図工兼助手などを経て作家活動に転じ、1786年に『商業および政治のアトラス』（以降『アトラス』と略記）を出版します。

プレイフェアの最大の功績は、この『アトラス』や1801年に出版した『統計簡要』などにおいて、棒グラフ、折れ線グラフ、円グラフといった視覚化表現を発案するとともに、数値の比較を容易にするためのグリッド線や、グラフ下部の注記など、様々な要素を現代でも通用する形に定式化したことです。マイケル・フレンドリー、ハワード・ウェイナー著『データ視覚化の人類史』（青土社、2021年）では「近代データグラフィックスの父」「グラフ手法の父」と表現されています。

図1－4は『アトラス』に登場するグラフ（スコットランドと各地域との輸出入）です。棒グラフそのものだけでなく、グラフ上部に位置するタイトル、横軸や縦軸に付された数値・

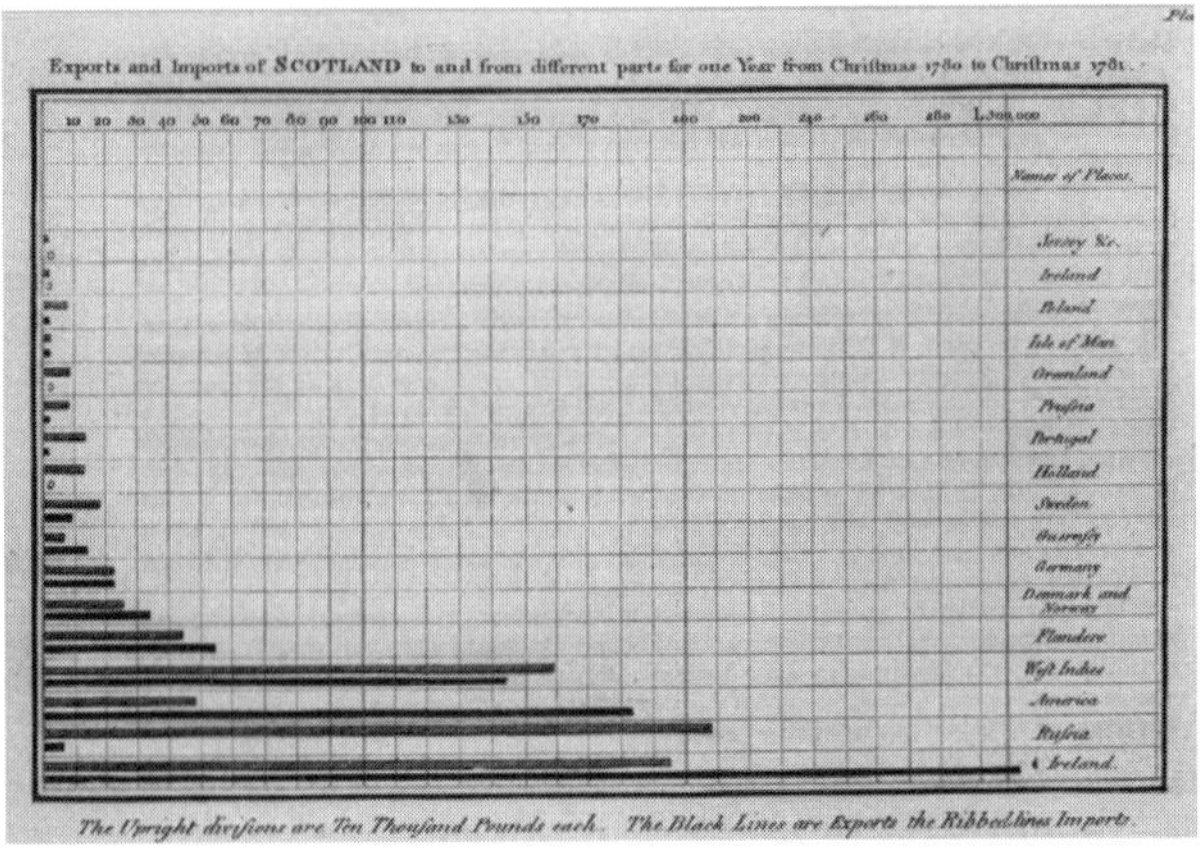

図1-4　『商業および政治のアトラス』でプレイフェアが制作したグラフの例（画像：Wikimedia Commons）

文字のラベルなど、現代の私たちが使っているグラフとほぼ同じ形に整理されていることがわかります。

厳密に言うと、棒グラフや折れ線グラフはプレイフェアが歴史上初めて考案したわけではありません。たとえば『アトラス』出版の約30年前にあたる1754年には、フランスの地理学者フィリップ・ビュアシュと製図家ギヨーム・ドリルが35年間にわたるセーヌ川の水位を棒グラフで表現した例があります。プレイフェアの功績はむしろ、上記に挙げたような各種の要素を用いて、グラフ表現の「テンプレート」を作り出したことにあります。

『アトラス』は出版の翌々年に当時のフランス国王ルイ16世にも献上されました。またスコットランドの歴史学者ギルバート・スチュアート博士は『アトラス』の書評において「これこそ新しい、他と異なる、平易なやり方で、政治家や商人に情報を伝える方法である」とプレイフェアを絶賛しています。

一方で、プレイフェアが広めたデータ可視化の手法は、決して万人から高く評価されていたわけではないようです。

『データ視覚化の人類史』では「プレイフェアの洗練されたグラフのイノベーションは、しばしば無視されるか、ときには評判を傷つけられた。たとえばイングランドの国債に関するグラフは、『単なる想像上の遊び』と批判された」（174頁）とされています。プレイフェアが師事したジェームズ・ワットも「グラフ表現は正確さに欠ける」「表に示されるデータほど信頼されるものには見えない」とプレイフェアを批判しています。

プレイフェアは作家や会計士、イギリス政府の諜報員などいくつもの職業を経て、1823年に63歳でこの世を去りました。後年には債務のために拘禁されるなど、経済状態は芳しくなかったようです。『データ視覚化の人類史』には「書籍や論説が彼を裕福にすることもなく、家賃の足しにもならなかった。晩年は、特に借金と健康の悪化と闘っていたという」（175頁）と記されています。

それでも、プレイフェアが現代のデータ可視化に大きく影響を与えたことは疑いようがありません。『統計簡要』において、プレイフェアは視覚によるデータの理解をこのように表現しています。

「(引用者注：グラフを使った) 表示形態の長所は、情報の獲得を促進し、記憶の保持を助けることである。……目は、表現され得るすべてのものの最も生き生きとした、最も正確な概念を与える。異なる数量における比率が主題となるとき、目は予測もできないほどの優位性をもつ」(14頁、筆者訳)

「誰に伝えるか」が重要

データ可視化と一口に言っても、その目的や背景によって重視すべきポイントは様々です。特に重要なのが「伝える相手の範囲」です。たとえば、自分の会社で同じ部署の同僚数人だけに見せるためのデータ可視化と、報道において広く社会一般に見せるためのデータ可視化は作り方もフォーカスすべきポイントも異なるでしょう。私は大きく3段階に「伝える範囲」を分けて考えています (図1-5)。

1つ目は「自分のため」のデータ可視化です。自分でデータをいろいろな角度から眺めて全体の傾向を確かめたり、ふと思いついた仮説を検討するようなイメージです。誰かに見せるためというよりは、自分が理解するための可視化です。

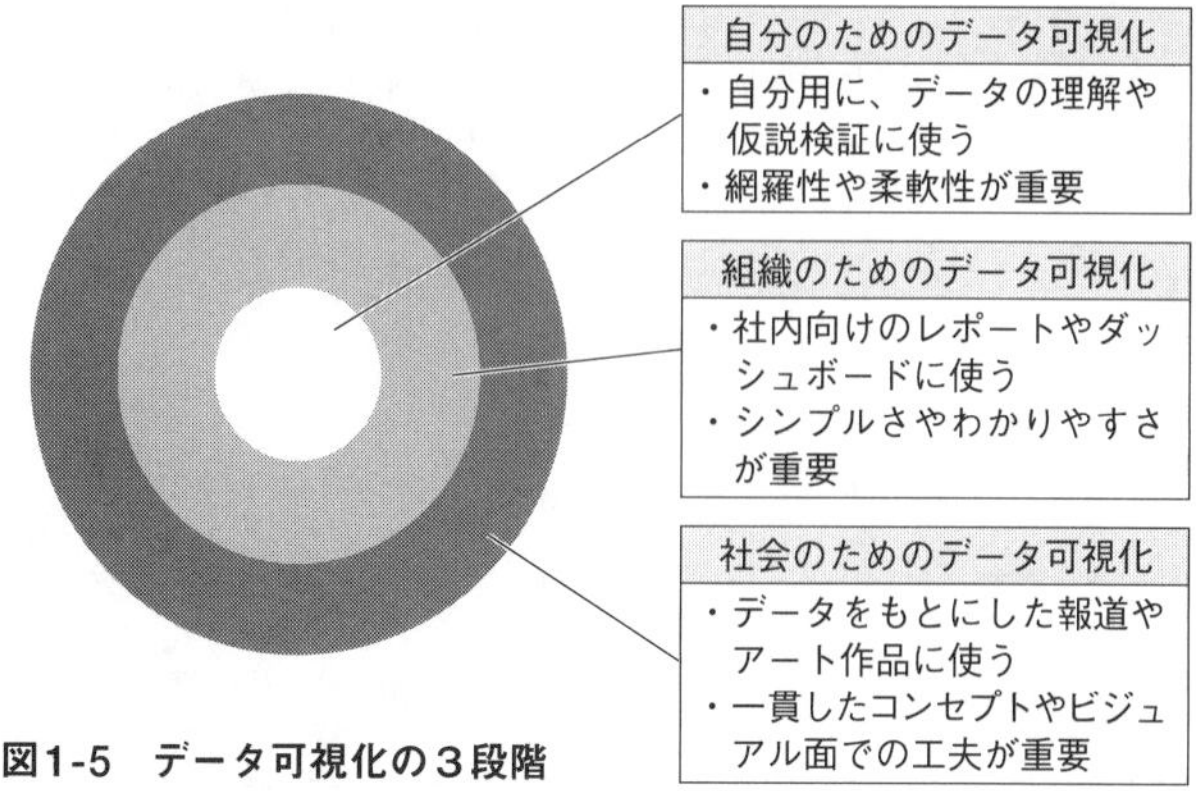

図1-5　データ可視化の３段階

自分がデータを理解することが目的なので、明確な解釈を得るというよりは、細かい点も含めてデータが持つ様々な側面を出来る限り正確に把握することが求められます。一方で、わかりやすいユーザーインターフェイスや明確なメッセージは省いても問題ありません。文章でいうと自分用のメモです。自分で作って自分で消費するものであるため、最低限「未来の自分」が理解できる程度であれば十分です。

2つ目は「組織のため」のデータ可視化です。自分の会社や部署に向けてデータを整備する仕事です。ビジネスでデータ可視化を扱うケースの大半はここに入るでしょう。社内向けのデータダッシュボード制作、従業員向けの月次レポート作成などはここに当てはまります。

組織のためのデータ可視化では、わかりやすさやシンプルさが第一に求められます。データを実際に活用する立場にある一般の社員は、必ずしもデータを見慣れているとは限りません。忙しい通常業務の合間にデータを見る手間を考えると、事前の学習を必要とすることなくシンプルに一目でわかるデータ可視化をすることが理想的です。

業務内容や扱うデータによっては、すべてのデータを可視化できなくてもよいかもしれません。また、データの解釈も必要であればつけるケースがあるでしょう。文章でいうと、社内向けの報告書やメール文章と似ています。明晰さ、ロジック、簡潔さなどが強く求められるケースです。

最後に「社会のため」のデータ可視化です。これは報道コンテンツやアート作品など、広く社会にデータを伝えるためのデータ可視化を想定しています。私が作るデータ可視化は、主にこのエリアです。ここにおいては「あまり興味のない人にも知ってもらうこと」が重要になります。

仕事でデータに触れる人は明確な目的や必要性があるでしょうが、報道やアート作品に触れる人はそうとも限りません。興味の薄いユーザー（データを受け取る人）にも見てもらうためには、「正確に伝わる」「わかりやすい」に加えて、データを見ることそのものが楽しいと感じてもらえるような工夫を用意する必要があります。正確性や明晰さと同時に、多くの場合でデータを絞り込んだり加工したりといったデータの「編集作業」が必要になるでしょう。

また、ユーザーの統計知識や文化的背景といったバックグラウンドも多様です。たとえば色による区分はなるべく避ける（もしくは白黒でもわかるような色分けにする）、性別や人種などについてのステレオタイプを用いない、といったユニバーサルなデザインに注意を払う必要があります。

技術的にも多様なデバイスに対応する必要があります。業務用のデータ可視化ツールでは、ＰＣでの閲覧を前提としているケースが多いでしょうが、今やネットのトラフィック（流入）の大部分をスマートフォンが占めています。スマートフォンでもタブレットでもＰＣでも、まったく同一とまでは言いませんが、ほぼ同じユーザー体験を提供しなければなりません。

本書で扱うのは主に「社会のためのデータ可視化」です。私自身が報道分野でデータ可視化を扱ってきたこともありますが、何よりも社会のための可視化は３つの要素をすべて必要としているからです。データを自在に操作することができる柔軟性、簡潔にメッセージを伝えるシンプルさももちろん求められます。また、人にデータを「伝える」際には興味のない人にも興味を持ってもらう、データから導ける結論の重要性を理解してもらうといった、まさにナイチンゲールが行ったような説得の工程が必要です。それらの要素をすべて満たし、可能な限り多くの人々にデータを伝えることを本書では目指します。

第1章のまとめ

1）人は数字の羅列のままではデータを読むことができない。人がデータを理解するにはグラフや地図といった視覚表現に置き換える必要がある。

2）技術の進歩によってデータ可視化を作ることがたやすくなったがゆえに、誤解を招く可視化表現も増えた。こうした危ういデータに騙されないように「データ思考」が求められている。

3）データを適切に扱うことによって人を説得し、現状を大きく変えることができる。ナイチンゲールが軍部を説得した「ローズ・ダイアグラム」はその最たる例。

4）会社など周囲の人に対するデータ可視化は簡潔であることが一番だが、社会に広めるためのデータ可視化にはそれに加えて興味を持ってもらうための視覚的な工夫も必要。本書では後者も実現できるような解説を行う。

第2章　データを読み解く

前章では、データ可視化がなぜ私たちに必要なのか、現代においてどのように役立つのかを学びました。データを適切に可視化するためには、まず数字のデータを丁寧に読み解き隅々まで理解することが必要です。この第2章では、誰にとっても馴染みやすい観光のデータを例にとりながら、データの読み取り方を解説します。

観光データを読み込んでみよう

データをわかりやすく可視化するためには、まずデータを読み込んで「腹落ち」するまで理解することが不可欠です。データの意味や構造によって最適な切り口や表現方法は異なります。データの数字だけを見て分析や可視化に踏み込むのは、新聞記事の見出しだけを読んでコメントするようなものです。特に官公庁が公表するような規模の大きなデータは、複雑な定義や集計方法をとっていることも少なくありません。

今回は、データの内容が比較的想像しやすく、国・地域別や時系列など色々な切り口がある「観光」に関するデータを実例として取り上げます。観光に関する統計はいくつか存在しますが、ここではオーソドックスなもののひとつであるＪＮＴＯ（日本政府観光局）の発表する「訪日外客統計」（https://www.jnto.go.jp/jpn/statistics/data_info_listing/index.html）を取り上げます。可能な方はＪＮＴＯのウェブサイトで実際のデータを見ながら読むと、よりわ

図2-1　ＪＮＴＯ「訪日外客統計」

かりやすいと思います（図２－１）。

データの定義を確認する

まずは基本中の基本、データの定義を確認します。データは何を集計しているのか、何がデータに含まれるのか、何が含まれないのかをクリアにします。

そもそも「訪日外客」とは何でしょうか？　すぐに思い浮かぶのは、アメリカや中国などから観光目的で日本を訪れる外国人旅行客です。ＪＮＴＯによる「統計に関するよくあるご質問（ＦＡＱ）」のページ（https://www.jnto.go.jp/jpn/statistics/statistics_faq.html）にも、「日本を訪れた外国人旅行者の数です」と明記されています。

ただし、これだけで安心して次に進んでし

まうと、データの範囲を見誤る可能性があります。もう少し詳しく定義を確認します。

まず、説明には「旅行者」とありますが、ビジネス目的は含まれるのか？　「外国人」の定義は何か？　国籍か、居住地か？　たとえば「イギリスに留学中の日本人学生」や「日本の永住権を持つフランス出身者」は含まれるか？　飛行機のパイロットや貨物船の乗組員は含まれるか？　アメリカから日本を経由して、飛行機のトランジット時間の関係で1日だけ空いた時間を空港の外で過ごし、それから香港や北京に向かう人は含まれるか？

重箱の隅をつつくような細かい作業ですが、ここでデータの範囲や定義をきちんと理解しておかないと、その後の可視化や分析が抽象的で的の外れたものになりかねません。

先ほどのＦＡＱページに詳しい定義が書いてあるので引用します。

②訪日外客数の定義

国籍に基づく法務省集計による外国人正規入国者から、日本を主たる居住国とする永住者等の外国人を除き、これに外国人一時上陸客等を加えた入国外国人旅行者のことです。駐在員やその家族、留学生等の入国者・再入国者は訪日外客数に含まれます。

乗員上陸数（航空機・船舶の乗務員）は訪日外客数に含まれません。

この定義から先ほどの答え合わせをすると、留学中の日本人学生は国籍が日本であるため訪日外客には含まれません。また、日本の永住権を持つ海外出身者も「日本を主たる居住国とする永住者等の外国人を除き」とあるので含まれません。飛行機のパイロットや貨物船の乗組員もここには含まれません。アメリカから日本を経由して、さらに第三国に出る人は、入国した時点でデータに含まれます。

これらの微妙なケースは大勢には影響しないでしょうが、データ可視化の作り方によってはユーザーに混乱を与える可能性があります。年間に何百万人も行き来する国同士では少しの定義の違いは問題にならないでしょうが、小さな国で観光客数が数人しかいない場合、その1人が純粋な観光客なのか、それとも閣僚と会談に来た政府関係者の家族なのかによって受け取り方が違ってきます。余談ですが、「世界最小の共和国」として知られるナウル共和国では、コロナ前の2019年度に日本から訪れた観光客は3人だったそうです(https://twitter.com/nauru_japan/status/1412709820763762694)。

集計方法と調査範囲

また、データの数え方や集計方法も必ず確認しておくべきポイントです。「訪日外客数」では以下のように表記されています。

③訪日外客数の数え方

入国手続きを受ける毎に1人と数えます。（例：同一人物が1月と9月に入国した場合には、2人とカウントされます。）

これを読むと、厳密には同一人物であっても重複してカウントされる場合があるようです。このような場合、実際にどの程度重複が含まれるのか、データの内容や集計方法から予想します。今回の場合、日本への出入国は必ず飛行機か船を使わなくてはならないため、たとえ重複が含まれているとしても全体の傾向が歪められてしまう可能性は低そうです。

無視できないくらいに重複が大きい場合、重複の度合いに応じて表現方法や数え方に注意する必要があります。たとえば訪日外客と同じく「人の移動」を表すデータに、JRが発表する駅ごとの平均利用者数がありますが、こちらでは「延べ利用者数」と表記されています。週や年単位で集計した場合、同じ人が通勤や通学で複数回使うことが多いためです（図2－2）。

こうした重複は多くの統計データで発生します。もし重複の程度が具体的にわかるのであればそれに越したことはありませんが、データを見るだけでは把握できない場合、定義

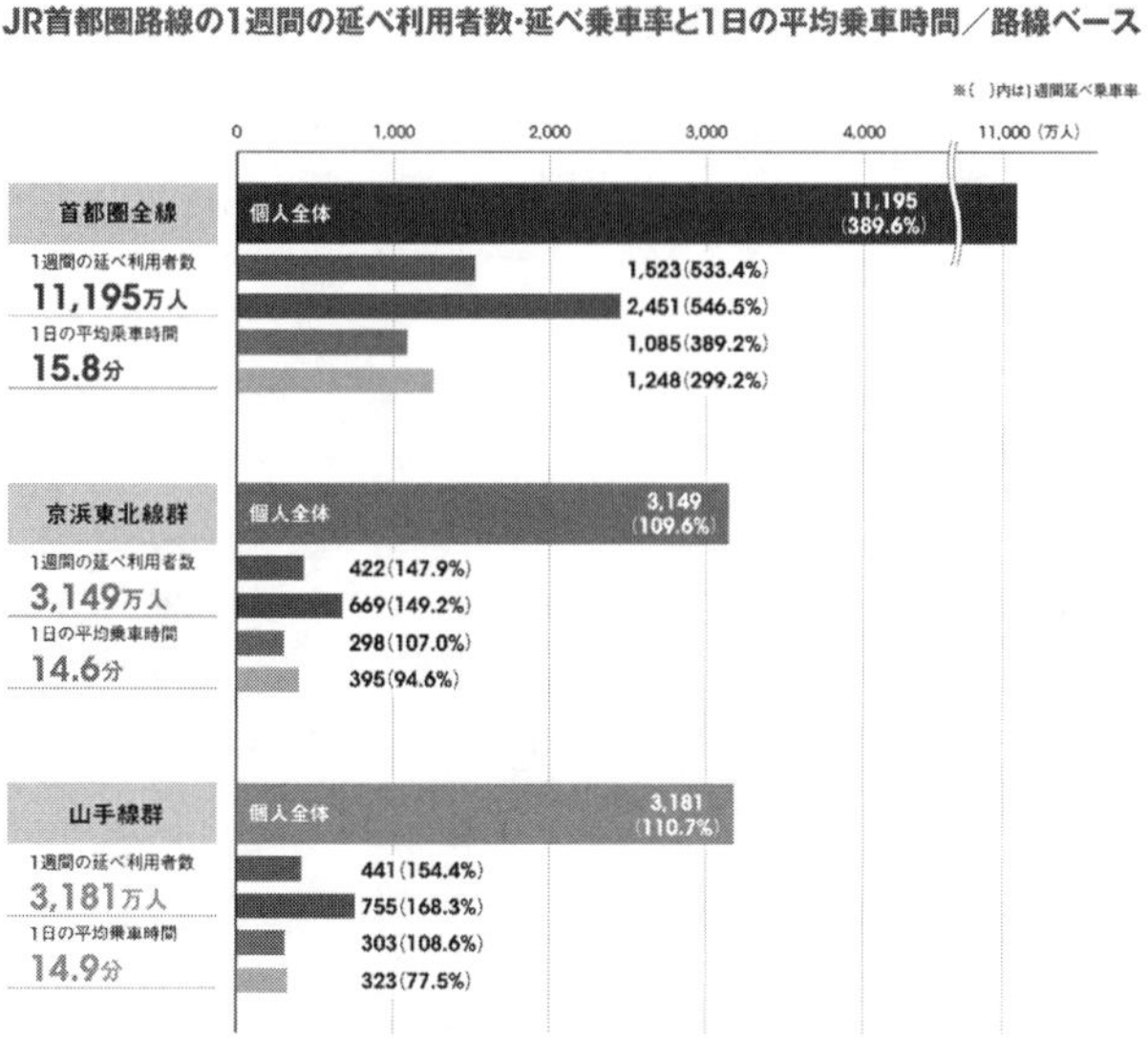

図2-2　JR「首都圏路線群と延べ利用者数／平均乗車時間」
（https://www.jeki.co.jp/transit/mediaguide/data/pdf/MD_018-035.pdf）

や集計方法から重複度合いを推測し、可視化において出来るだけ誤解を与えないように配慮する必要があります。

もうひとつ注意する点は、そのデータが扱う対象をすべて網羅しているかどうかです。統計データの中には、対象となる人やモノをすべて調査するケースと（統計学で「全数調査」と呼ばれます）、一部の人やモノだけを調査するケースがあります（こちらは「標本調査」と呼ばれます）。

訪日外客数は、定義を見る限り全数調査です。もしこれが標本調査である場合、当然ながら全体の件数から「昨年日本を訪れた外国人は〇〇人だった」「観光客は年々増加傾向にある」などと表現することはできません。

また標本調査の場合、全体（統計学で「母集団」といいます）からの偏りにも注意します。標本調査では、できるだけ母集団からの偏りがないようランダムに標本を選ぶのが通常です。これを無作為抽出といいます。

大規模な世論調査などでは、できるだけ全体からの偏りがないようにさまざまな工夫を凝らして調査や集計を行っています。たとえば同じ世論調査でも全国の固定電話を無作為に抽出した場合と、渋谷駅のすぐ近くで街頭調査を行った場合では、回答者の属性や回答の内容が大きく異なるでしょう。「どのように回答者を抽出したか」は多くの調査で公開されているはずなので、そちらも確認しておきたいところです。

アンケート形式で回答を募っている場合、答えやすい項目とそうでない項目で大きく回答率が異なることもあります。公表されていれば未回答の割合なども見ておくことをお勧めします。

また全数調査であっても、実際に世の中で起こっている数と統計データに反映される数が大きく異なる場合があります。このような統計と実態との差を「暗数」と呼びます。たとえば新型コロナやインフルエンザなどの感染症は、そもそも症状がなく（あるいは軽症で気づかず）病院に行かないケースは統計に含まれません。また、犯罪統計においても、特に性犯罪被害に関する暗数は大きな課題となっており、法務省は「犯罪被害実態（暗数）調査」などの調査を行っています。暗数が大きいと考えられるデータは、たとえば全体の傾向が増加したとしても「今までよりも調査の精度が上がったために見掛け上増えたように見える」といったケースがあるので要注意です。

これらのデータの偏りを、公開されている情報だけで推測することは困難ですが、もしデータ可視化を解釈する上で誤解を招きそうな障害があれば、可能な限り注意喚起しておくべきでしょう。

更新タイミングと随時訂正

続いて、データの更新タイミングや訂正予定を確認します。「訪日外客統計」では「推計値」「暫定値」「確定値」という3種類の値が存在します。

集計に時間がかかる大規模な統計では、まず部分的なデータから全体を推測する「推計値」が発表されます。精緻な正確性はひとまず置いておき、早く概要を知りたい場合に使われます。

そして、ある程度集計が進むと「暫定値」が更新されます。最後に、種々の集計や確認作業が完了した最終的なデータとして「確定値」が公表されます。確定値は、推計値や暫定値よりも小さな分類まで網羅されていることもあります。確定値が発表されるまでには時間がかかるので、データを使う側としては速報性と正確性を天秤にかけて使うデータを選択する必要があります。

ただし、この説明は一般的なものであり、それぞれの値の位置付けは統計によって異なるのが現状です。訪日外客統計での扱いを確認すると、3種類の値は次のように説明されています。

④訪日外客数における推計値、暫定値、確定値の違い

推計値は、当該月の翌月にＪＮＴＯが発表する概算値で、100の位まで算出しています。暫定値は、推計値発表の2ヵ月後に発表する確定に近い数値で、1の位まで算出しています。また、観光、商用、その他といった目的別の数値も明らかになります。確定値は、該当年の翌年6月以降に、法務省の年計確定をもってＪＮＴＯが算出する最終値で、暫定値と同様に1の位まで算出します。

これを読む限り、おおむね一般的な扱われ方と同じと見て間違いないでしょう。ただ、

暫定値も確定値と同じ項目まで網羅しており、発表も当該月の3ヵ月後と確定値よりもはるかに早い（確定値は6〜18ヵ月後）ため、実務的には暫定値を使うことが多くなりそうです。

ここで重要になるのが、推計値や暫定値の精度です。一口に推計といっても、その精度は統計によってまったく異なります。推計の精度が高く、ほぼ確定値と同じである場合がほとんどなら、「○月の値は推計値」といった注記を一言入れておくだけでよいでしょう。もしこの差が無視できないくらい大きい場合、予想される差異の大きさによって「視覚表現でわかるようにする（たとえば棒グラフであれば棒の色を変える）」「そもそも推計値は掲載しない」といった対応を行います。

ケースバイケースなので一概には言えませんが、私の場合は「このデータはむしろ掲載する方が誤解を招く」と判断した場合には掲載自体しないこともあります。

2019年における訪日外客数の推計値・暫定値・確定値を比べると、暫定値と確定値は1の位に至るまでまったく同じ、推計値も有効桁数として設定されている100の位までは（四捨五入して）ほぼ同じでした。ということは、この統計に関しては、推計値と確定値について特別な注意を促す必要はなく、注記の欄に書いておく程度の対応で問題なさそうです。

なお私の体感として、グラフを見るときに注記まで読んでくれる人は比較的少ない印象です。ＳＮＳなどでグラフのスクリーンショットがシェアされる場合も、注記は省略されてしまう場合がほとんどです。使っているツールやプログラムによっては現実的に難しいこともありますが、データを可視化する過程においては、訂正や基準変更などがあった際には可能な限り視覚表現に変換すべきだと考えています。

また、日次集計など集計ペースが早い統計データでは「推計値」「確定値」といった名前を使わず、「データは判明し次第随時更新する」という形で随時訂正を行う統計データもあります。この場合「いつの時点でのデータか」をはっきりとわかる形で表示しておくように注意しましょう。

データと現実をつなげる

ここまで解説してきた細かな確認によって、徐々にデータが具体的なイメージを伴うものになってきたはずです。これらデータを読み解く作業の最終的な目標は**「データと現実をつなげること」**です。

たとえば「訪日外客統計」でいえば、現実に１人の外国人観光客を目にしたとき、その人がデータ上でどのように扱われるのか。あるいは、数字に変化があった場合に、それが現実世界で何を意味するのか。「データの定義を確認する」の項でもいくつか事例を想定しましたが、それと同様に具体的な個別のケースを数字と結びつけることが必要です。

面倒だからといってこの作業が不十分なまま次に進んでしまうと、その後の工程であるデータ可視化やデータに基づいた分析が地に足のつかないものとなってしまいます。

データ可視化において避けたい事態は、可視化がユーザーに響かず「ふーん」で終わってしまうことです。「データの世界で終わってしまう」とでも表現すればよいでしょうか。その大きな原因は、数字が数字でしかない、つまり私たちの目の前にある生活や実例に結びつかないためだと考えています。これを避けるために、まずデータを読み込んで作り手自身が腑に落ちるまでデータを理解することが必要です。

裏を返せば、時間をかけて調べても具体的なイメージが湧かないデータは非常に可視化が難しいものです。たとえばイベントの経済効果や、「○○指数」と名付けられた各種の計算値は、複雑な計算をもとに成り立っている場合がほとんどです。そしてその計算方法が公開情報では再現できないこともあります。そうすると、データが何を指しているのかがわからず、効果的な比較や見せ方ができません。

データの内容に対する具体的なイメージが頭に入っていれば、グラフ「以外」の視覚表現を提案することも簡単になります。たとえば地理的な情報と結びついたデータであれば地図をベースに可視化を行ってもよいでしょうし、時系列の流れが重要であればアニメーションに変換する方法も取れるでしょう。

世の中の「グラフ」がしばしばわかりにくい理由もここにあります。グラフはどんなデータにでも使えて応用が「利きすぎる」ため、具体的なイメージが湧かず抽象的になりがちなのです。文章でいうと、何でも「すごい」「ヤバい」で表現するようなものです。しかし効果的でわかりやすいデータ可視化は、もっとデータの内容や意味と密接に結びついたものであることがほとんどです。データの内容をしっかりと理解することによって、後の過程でも具体的な表現が浮かぶようになるでしょう。

2つのデータを組み合わせる

ここまでは観光客のデータを例にとって、データの読み取り方を学んできました。しかし実際にデータを読む際には、必ずしもデータが1種類だけとは限りません。ここからは観光データから離れて、2つ以上のデータを読む際の工夫や注意点について解説します。

データは他の情報と組み合わせることで、思いがけない傾向が炙り出されたり、興味深い関係が示唆されたりすることがあります。一方で「データ可視化において2つ以上のデータを同時に提示することは、良くも悪くもユーザーに因果を強く示唆する」ということは注意しなければいけません。

たとえば、日本のＧＤＰ（国内総生産）や日経平均株価といった経済指標に、その当時の内閣をかぶせたグラフを目にすることがあります。「○○首相の経済政策は失敗だった」といったタイトルがつけられていることもあります。

しかし冷静に考えれば、首相や与党の交代がすぐさま経済に影響を及ぼすわけではないでしょう。内閣や国会での議論を経て法律や省令の改正が行われ、それが行政や民間で実行され私たちの経済に影響し、結果としてＧＤＰが動く……と考えると、一般的には数ヵ月程度の時間を要しそうです。加えて、日本の経済はひとつの政策だけで上下するものではなく、景気循環や海外諸国の動向なども加味する必要があります。

もちろん内閣総理大臣や政権与党は、日本で最も経済に大きな影響を与えるプレーヤーであることは間違いないでしょうが、それがシンプルなグラフで示せるくらいに単純な関係でないことは想像がつきます。

こうしたグラフは特定の政権を持ち上げたり、逆に攻撃したりする材料として使われます。その根拠として「便利に」使われていることからもわかるように、複数のデータを同時に提示することは、両者の因果関係や関連性を強く示唆します。残念ながら、このように客観的なデータの提示と見せかけてユーザーの印象を操作しようとするデータ可視化は枚挙にいとまがありません。

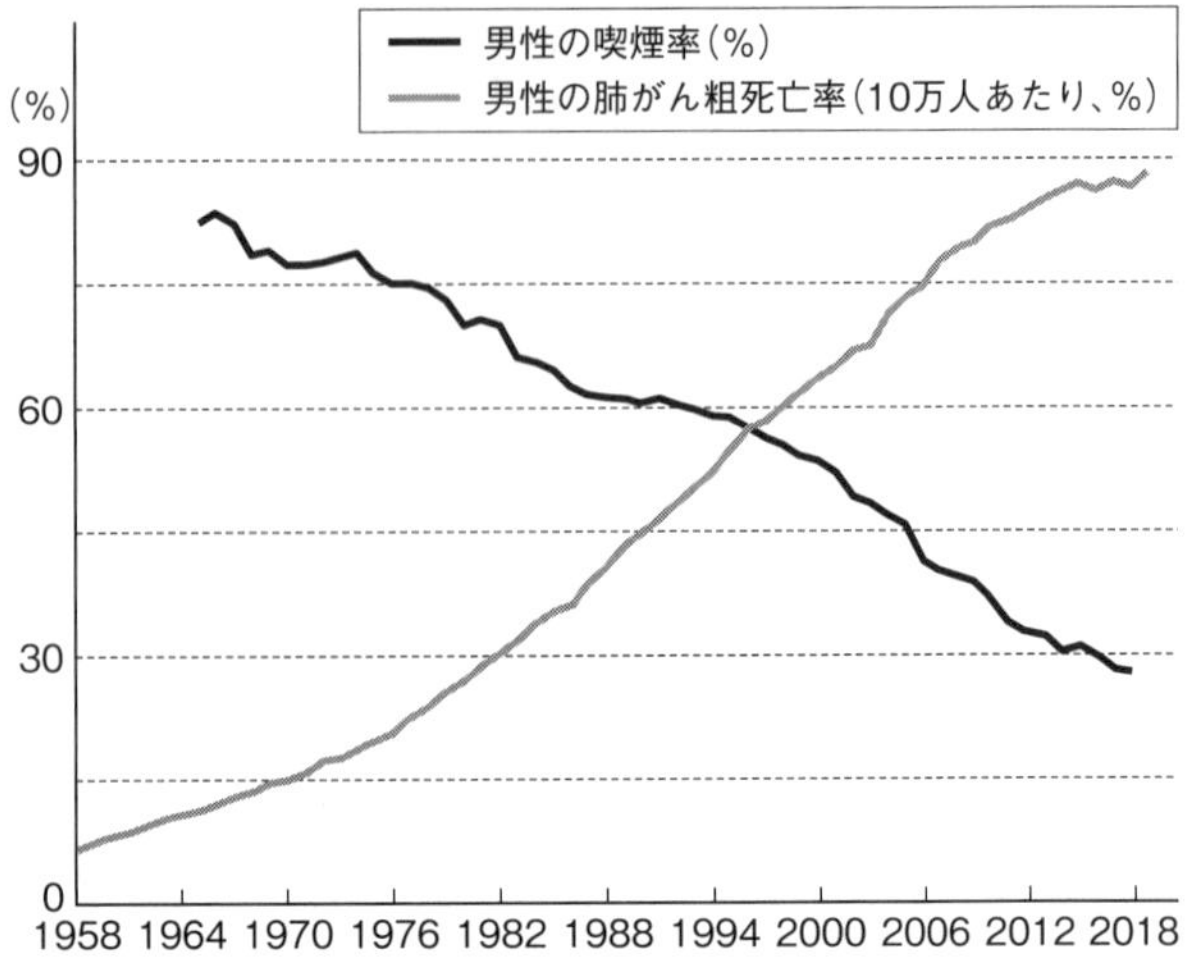

図2-3　日本人男性の喫煙率と肺がん粗死亡率
(データ：喫煙率はJT「全国たばこ喫煙者率調査」、肺がん粗死亡率は国立がん研究センター「がん情報サービス」)

その印象が公平で誠実なものであれば問題ありませんが、時にはアンフェアなデータの見せ方をしておきながら「私はデータを提示しただけであり、受けた印象はユーザーの勝手だ」と言って憚らないケースもあるのが現実です。こうした印象操作の誹《そし》りを免れないデータ可視化は厳に慎むべきであると同時に、データを読む側としても印象操作に惑わされないようにする必要があります。

しかしながら、偏った印象を与えるデータの中には見抜くのが難しいケースもあります。図2－3は私が見たことのあるグラフを再現したもので、日本人男性における喫煙率と肺がんの死亡率を時系列でプロットしています。

喫煙が肺がんなど疾病の引き金になることは広く知られています。たばこ事業法はこれらの危険性を消費者に対して周知するよう義務付けており、たばこ製品のパッケージにはこの旨の注意文言が記載されています。２０１９年からはパッケージ表面積の50％以上に拡大されました。

それにもかかわらず、このグラフからは、喫煙率が１９６５年から低下し続ける一方で、肺がんによる死亡率は増加の一途を辿っているように読み取れます。もし何の予備知識もなくこのグラフを見せられたら、「喫煙と肺がんは関係ない」どころか「喫煙率が下がると肺がんは増える」という結論を導いてしまうかもしれません。

このカラクリは死亡率にあります。グラフで使っている死亡率は「粗《そ》死《し》亡率《ぼうりつ》」と呼ばれる指標で、死亡数を人口で単純に割ったものです。国立がん研究センター「がん情報サービス」の用語集（https://ganjoho.jp/reg_stat/statistics/qa_words/word/sosibouritu.html）では「一定期間の死亡数を単純にその期間の人口で割った死亡率で、年齢調整をしていない死亡率という意味で『粗』という語が付いています」と紹介されています。

戦後の日本では高齢化が著しく進み、高齢に伴う各種のがんで死亡する割合も増えました。したがって、時系列の推移でがんによる死亡率を正しく見るには、粗死亡率ではなく

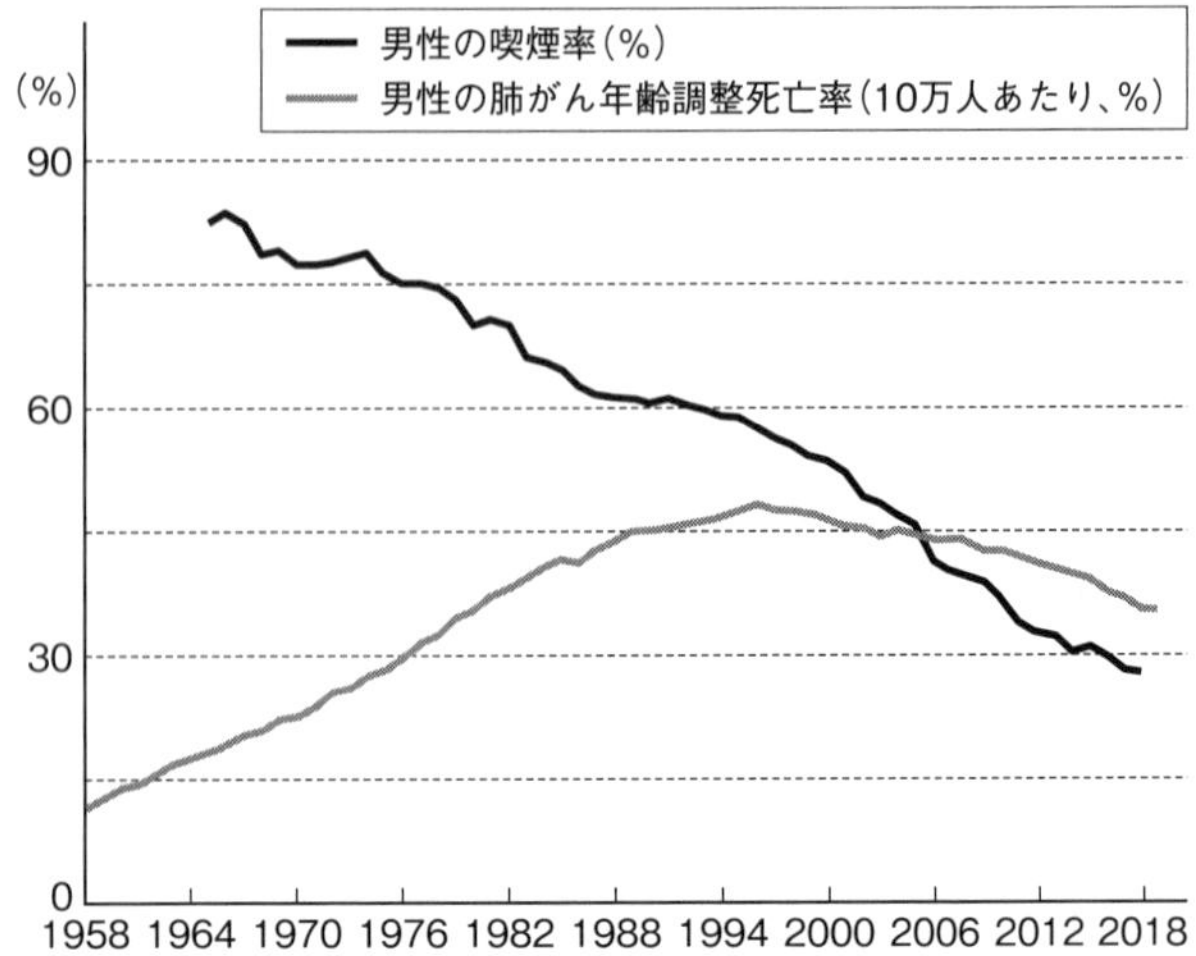

図2-4　日本人男性の喫煙率と肺がん年齢調整死亡率
（データ：喫煙率はJT「全国たばこ喫煙者率調査」、肺がん死亡率は国立がん研究センター「がん情報サービス」）

年齢構成を加味した指標を見なくてはいけません。

図2－3のグラフにおいて、粗死亡率を「1985年の日本人モデル人口をベースにした年齢調整死亡率」に変えると図2－4のようになります。

1996年ごろをピークに肺がんの死亡率が下がっていることがわかります。喫煙習慣と肺がんによる死亡には数十年のタイムラグがあることを考えても、こちらのグラフの方が直感的に納得できるものです。

図2－3の粗死亡率のグラフは誤りでも嘘でもありません。データソースも国立がん研究センターの正式

なものであり、数字も正確です。それでも、データの定義や集計範囲を少し変えるだけでユーザーに与える印象を大きく操作することが可能です。今回のように広く知られたデータであれば違和感を持つこともできますが、より巧妙な印象操作であれば「嘘をつかずに人の印象を操作する」ことが可能となるのがデータの怖いところです。

相関と因果を混同しない

2つ以上のデータを組み合わせる際の注意点はもうひとつあります。それは「相関関係」と「因果関係」の違いです。

統計学において相関関係とは、2つのデータが互いに連動し、「Aが増えるとBも増える」「Aが減るとBも減る」関係を指します。たとえば夏のコンビニエンスストアでは、気温が高くなるとアイスクリームの売り上げが増えるでしょう。このとき「気温」と「アイスクリームの売り上げ」は相関関係にある、と表現されます。

現実のデータでは、AとBの値はある程度のばらつきを含んでいます。このばらつきが大きく、Aが増えてもBの値が増えたり増えなかったりするような状態を「弱い相関」、ばらつきが少なくAが増えればほぼ必ずBも増える状態を「強い相関」と呼びます。Aが増えたとき、Bが逆に減る関係を「負の相関」と表現します。

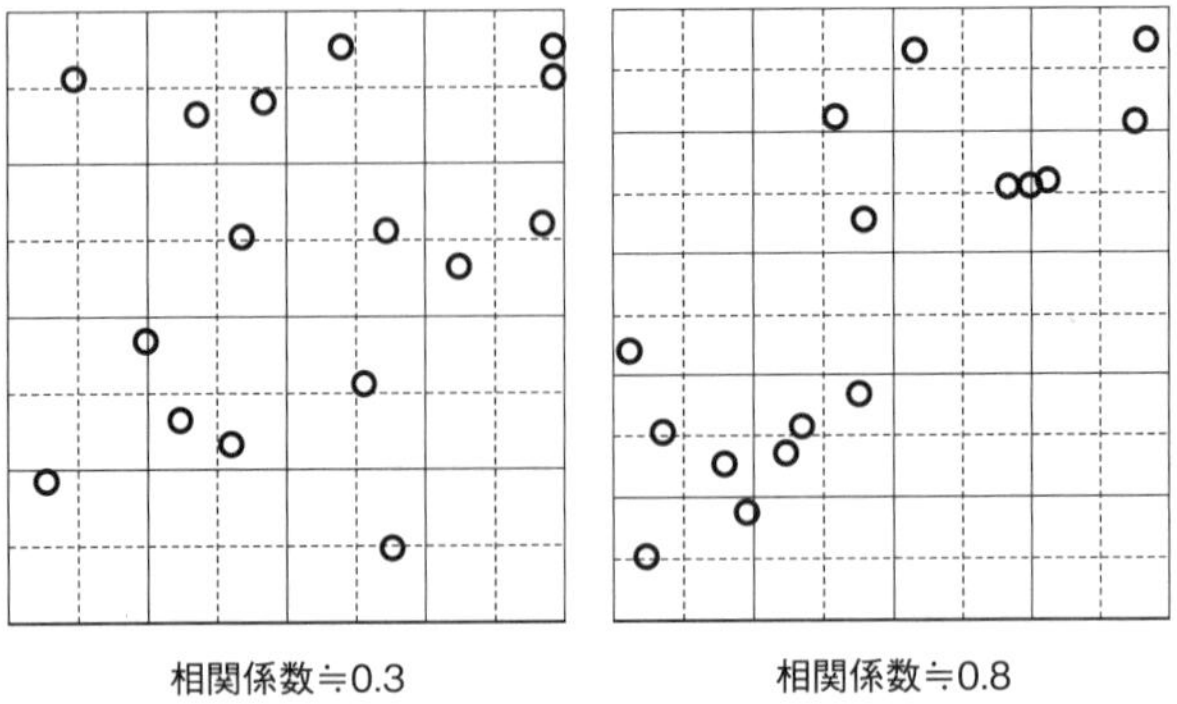

図2-5　相関係数のイメージ（著者作成）

統計学では、2つのデータがどのくらい強く相関しているかを「相関係数」という値で表します。2つのデータがまったく相関しておらず、Aが増えてもBが増えるか減るかまったくわからない状態が相関係数0、逆に完全に相関している状態が1です。負の相関の場合、相関係数はマイナスで表現されます。負の相関が完全に成り立つ場合は-1です。

扱うデータにもよりますが、相関係数が0・6程度あれば「やや相関している」、0・8以上だと「強く相関している」と表現するのが一般的です（マイナスも同様）。図に表すと図2－5のようになります。

左は2つの指標があまり相関していない状態（相関係数は約0・3）、右は強く相関している状態（同0・8）です。ちなみにMicrosoft ExcelやMac

のNumbersのような表計算ソフトでも「CORREL」という関数を使って簡単に相関係数が算出できます。

さて、相関関係と混同されがちなのが「因果関係」です。因果関係とは「Aが増えた(減った)ことが原因でBが増えた(減った)」状態を指します。先ほどの例でいうと、アイスクリームの売り上げが増えたのは明らかに気温が高くなったことが原因です。したがって気温とアイスクリームの売り上げとの間には因果関係がある、と表現できます。

相関と因果の違いは「2つのデータが原因と結果の関係にあるかどうか」です。相関は、あくまでも「データ上で2つの指標が同時に増減する」ことだけを表します。相関関係が成立するだけでは、2つのデータが因果関係にあるとは言えないのです。しかし、データだけ見ていると「2つの指標は相関しているから何らかの因果関係があるだろう」と誤解されやすく、注意が必要です。

先ほどは相関も因果もある(と考えられる)ケースを例に挙げましたが、では「アイスクリームの売り上げ」と「熱中症で搬送される人の数」ではどうでしょうか。おそらく夏の間は2つのデータがある程度相関して動くはずです。しかし「アイスクリームを買ったから熱中症になった」、あるいは「熱中症になったからアイスクリームを買った」とは考えにくいでしょう。この場合、2つのデータは相関関係にはありますが因果関係にはありません。

現実世界のデータは様々な要因に左右されるため、たとえデータ上で強く相関していたとしても、原因と結果を推測することには慎重になる必要があります。

「相関関係にはあるが因果関係ではない」パターンのひとつが「擬似相関」または「偽相関」と呼ばれる現象です。これは相関するデータAとBの両方に影響を与える「真の原因」Cが存在することで、見かけ上はAとBが関連しているように見えることを指します。先ほどのアイスクリームと熱中症の例でいうと、「気温」が真の原因です。気温が高くなるとアイスクリームの売り上げも増え、熱中症で搬送される人の数も多くなる。統計学ではこの「真の原因」を「潜伏変数」と呼びます。

もちろん偶然の一致による相関もありえます。統計学の世界では「明らかにまったく関係ないが数字だけ見ると相関しているデータ」をジョークとして集めるウェブサイトもあります。たとえば「アメリカにおけるプールでの溺死件数とニコラス・ケイジの映画出演本数は相関する」というジョークがあります。プールでの溺死とニコラス・ケイジの出演映画に何らかの因果関係があるとは考えにくいため、まず間違いなく偶然の一致でしょう。このように、相関は必ずしも因果を示すとは限らず、両者の混同に気をつける必要があります。

他にも「フェイスブックのユーザー数とギリシャの債務は関連している」（ともに2000年代半ばから急増を始めた偶然の一致と思われる）、「年収が上がるほど血圧が高くなる」（ともに「年齢」という潜伏変数が疑われる）、といった偶然の一致や擬似相関の事例は多くのメディアやブログなどで紹介されています。興味のある方は「擬似相関　例」といった語句で検索してみるとよいでしょう。

第2章のまとめ

1）わかりやすく見やすいデータ可視化を作るためには、まずデータの定義や集計範囲などを理解することが不可欠。

2）読むべき部分は調査の範囲、更新タイミングなど多岐にわたる。最終的にはデータが現実世界で何を意味するか腹落ちするまで読み込む。

3）相関関係は2つのデータが数字上で連動していること、因果関係は2つのデータに「原因」と「結果」という関係が成立している状態を指す。2つのデータを組み合わせる際は相関と因果の混同に注意する。

第3章　データを編集する（理論編）

前章ではデータを読み込み、定義や範囲を詳しく理解する方法について紹介しました。この章ではデータの意味や内容を踏まえて、視覚表現に落とし込むための考え方を解説します。私はこれを「データの編集」と呼んでいます。表現したい内容に合わせてデータの項目を取捨選択したり、集計したり、他のデータと組み合わせて、適切なグラフや表現に変換していく作業です。

データの編集をするうえで重要なのが、**「データを絞る」「数字のメタファーを考える」「コンセプトを設定する」**の3点です。本章では、そんな「データ編集の勘所」を身につけるのが目標です。

データを絞る

たとえば一口に「人口データ」「所得データ」といっても、政府などの統計では非常に細かく定義や項目、推計値・確定値が分かれている場合が少なくありません。何も考えずにすべてのデータを網羅しようとすると、素人目には判別がつかないデータが数十項目並ぶことになるかもしれません。

ユーザーがすべてのデータを見たがっているとは限りません。おそらくほとんどのケースにおいて、ユーザーは「日本の人口」といったら特定の1つのデータを必要としている

	PCR検査実施人数(※3)	陽性者数	入院治療等を要する者		退院又は療養解除となった者の数	死亡者数	確認中(※4
				うち重症者			
国内事例(※1,※5)(チャーター便帰国者を除く)	11,255,120 (+64,494)	588,900 (+4,658)※2	57,119 (+950)	1,020 (+42) ※6	520,644 (+4,178)	10,226 (+35)	1,431 (-287)
空港・海港検疫	641,842 (+1,763)※7	2,687 (+6)	116 (+4)	0	2,568 (+2)	3	0
チャーター便帰国者事例	829	15	0	0	15	0	0
合計	11,897,791 (+66,257)	591,602 (+4,664)※2	57,235 (+954)	1,020 (+42) ※6	523,227 (+4,180)	10,229 (+35)	1,431 (-287)

図3-1　厚生労働省「新型コロナウイルス感染症の現在の状況と厚生労働省の対応について（令和3年5月1日版）」

はずです。その場合「データが20個見つかりましたので20個見せます」よりも、「あなたが最も必要としているデータを1つ見せます」の方が親切でしょう。

必要とされているデータは状況によって変わりますし、データの数字だけを見ていてもその判断はできません。データを提示する文脈、ユーザーの知識、社会的なニーズを考えてデータを絞り込むことが必要です。

たとえば新型コロナウイルス感染症に関して、厚生労働省は報道発表資料において図3－1のようなデータを毎日発表しています。PCR検査実施人数、陽性者数など、発表日時点における各種のデータが並んでいます。

2022年に入りようやく厚生労働省も独自にダッシュボードを構築するなどさまざまな方法でデータを公開していますが、流行初期にはこの表が主なデータソースでした。

さて、この中で実際にふだんの報道で見ているものをピックアップすると図3－2の太い線で囲んだ部分になります。

	PCR検査実施人数(※3)	陽性者数	入院治療等を要する者	うち重症者	退院又は療養解除となった者の数	死亡者数	確認中(※4)
事例(※1,※5 ャーター便帰国者を除く)	11,255,120 (+64,494)	588,900 (+4,658)※2	57,119 (+950)	1,020 (+42) ※6	520,644 (+4,178)	10,226 (+35)	1,431 (-287)
港・海港検疫	641,842 (+1,763)※7	2,687 (+6)	116 (+4)	0	2,568 (+2)	3	0
ャーター便 国者事例	829	15	0	0	15	0	0
合計	11,897,791 (+66,257)	591,602 (+4,664)※2	57,235 (+954)	1,020 (+42) ※6	523,227 (+4,180)	10,229 (+35)	1,431 (-287)

図3-2　図3-1でよく使われる数字

この表は厚生労働省が毎日の発表の冒頭に掲載しているだけあって重要なものですが、それでも日々の報道には一部の項目しか使われていないことがわかります。「はじめに」でも紹介した東洋経済オンラインのダッシュボードでもすべての項目は網羅していません。

データ可視化において「どれだけ多くのデータをユーザーに見せるか」は、実は重要なポイントではありません。最終的にはユーザーがデータを理解したり、データについて新たな発見をしたりすることが目的のはずです。であれば、どれだけ多くのデータを見せるかは手段でしかありません。見せるデータそれ自体が少なくても、そこから得られる示唆や考察の総量を最大化することを目的とすべきです。

また、可視化に選ぶデータは必ずしも「最も網羅的な項目」に限りません。新型コロナの場合、ダッシュボードを見ることで一般ユーザーが知りたいのは「日本国内で今どのような状況になっているか」です。

そのため、東洋経済のダッシュボードでは、あえて合計ではなく国内事例の数字を使いました。ここには2020年1月ごろに中国から政府チャーター便で帰国した人々や、空港・海港での検疫での検査などは含まれていません。また、2020年2月に横浜に停泊したダイヤモンド・プリンセス号での感染事例も、公式には日本国内での事例には含めないため、ここにはカウントされていません。今でこそこれらの数字は「誤差」に近くなっていますが、ダッシュボードを公開した2020年2月時点では大きな決断でした。

日々の報道では、ニュース価値を演出するために出来るだけ大きな数字が使われる傾向にあります。またビジネスにおいても、似たようなデータがたくさんあると、つい「合計」「総合」といった項目を使いたくなるものです。しかし先ほど書いたように、「データの総量」ではなく「ユーザーが得られる知見や示唆の総量」を最大化するためには、あえてデータを絞り込むことも必要です。

数字のメタファーを考える

前項で、ユーザーは「日本国内で今どのような状況になっているか」を知りたいから合計ではなく国内事例のデータを使う、と書きました。これについてもう少し踏み込んで考えてみます。

検査陽性者数（感染者数）を知ることで、ユーザーは「その地域で自分や知り合いが感染する危険性」を間接的に知ることができます。これによって、たとえば「今は感染者数が増えているから外食はやめておこう」といった意思決定が可能になります。

同様に、重症者数は「その地域の医療がどのくらい逼迫しているのか」や、検査陽性者数と組み合わせることで「感染するとどの程度の確率で重篤化するのか」などを示唆します。もちろん公表データだけで正確にこれらの概念を測ることはできませんし、個々のユーザーや状況によって求める示唆は変わるでしょう。ただ共通するのは、数字によって何らかのメタファーを得ようとしていることです。数字から逆算できる意味や暗示をメタファーと私は呼んでいます。

数字の意味について考えるときは、「そのデータが何を暗示しているか」「その数字から何がわかるか」を想像します。よくビジネスでは「目標や成果を数字で測れるようにしよう」と言われますが、その逆だと考えてください。ＫＰＩ（Key Performance Indicator 重要業績評価指標）からゴールを逆算するようなイメージです。

メタファーを意識することで見せ方のフォーカスが合うようになり、「ただデータを見せる」から「目的を持って見せる」状態に変わります。そうすると、グラフのタイトルやデザイン、見せる順序など、一貫性を持ってさまざまな要素をデザインできるようになります。

たとえば第2章で扱った観光客のデータについて考えます。「国・地域別の日本を訪れた観光客数」は何のメタファーでしょうか。まず思いつくのは「どのくらい日本観光や文化に興味があるか」でしょうか。さらに発展させると「日本好きの国」とでも呼ぶべき、日本に対する好感度や興味が強い国の示唆になるかもしれません。また、欧米から日本まで来るにはお金だけでなく時間もかかりますから、観光客数の上位に来る欧米の国では「休暇の取りやすさ」「バカンス文化の有無」なども関係しているかもしれません。

新型コロナ感染状況のデータも、複数の意味を逆算できます。先に書いた「その地域での感染危険度」だけではなく、報道では「国や地域の感染対策がどのくらい成功しているか」を示す指標としても使われているのを見ます。各国の水際対策やロックダウン政策に関する解説と一緒に、国際比較の感染データが示される場合があるかもしれません。

ただし、データを見せる際にはひとつのメタファーに固執してはいけません。データから導ける示唆は、他のデータとの組み合わせも含めると膨大な数に上ります。またその「確からしさ」も千差万別です。

感染状況のデータが「その地域での感染危険度」を十全に表しているわけではありません。特に感染者の絶対数が少ない地域では、大規模なクラスターが1件発生しただけでその地域全体の数字が跳ね上がる場合があります。また、その地域での検査体制（症状のある場合しか検査を行わない、あるいは逆に濃厚接触者などに積極的な検査を促すなど）といった「感染危険度」以外にも感染者数の数字を上下させる原因はたくさんあるでしょう。

あくまでも現在公開されている感染者数データは「その地域の医療機関でＰＣＲ検査や抗原検査を受け、陽性だった人の数」でしかありません（実際には公表データの定義は自治体の判断に委ねられているため、この説明とも異なる可能性があります）。また、全国レベルのデータだと地域の単位が都道府県にとどまります。「神奈川県の感染状況」がわかったとしても、それが横浜市なのか、川崎市なのか、あるいは江ノ島なのかはわかりません。

新型コロナに関するセンセーショナルな記事では、都道府県別の数字を見比べて「○○県は人口あたりの感染者数が最も多く、危険である」といった記述を見かけますが、都道府県のような大雑把な括りで断言するのは危ういと私は考えています。

もう少し細かな区分であれば地域的な傾向が見えやすいかもしれません。たとえばアメリカでは疾病予防管理センター（ＣＤＣ）が郡（州よりも細かい行政単位。全米に３０００ほど存在する）ごとにデータを公開していますし、ニューヨーク・タイムズのような報道機関も同程度に詳しいデータサイトをメンテナンスし続けています。

日本でも約１７００の市区町村別にデータを見ることができれば、より詳しい分析や豊かな示唆を得られると思うのですが、私の知る限り市区町村レベルで全国のデータを更新し続けている公的組織や報道機関はないようです。「日本のデータ活用やオープンデータは遅れている」と言われて久しいですが、まさに今回のような場面で社会のデータ活用に関する地力の差が出ていると感じています。

コンセプトを設定する

先ほど、ただデータを見せるよりも目的を持って見せることが重要であると書きました。ここで必要になるのがコンセプトです。ここでいうコンセプトとは、データを伝える目的や、データを通じてユーザー（または読者、同僚などデータを受け取る人）に何をして欲しいのかを表します。

たとえばビジネスにおいて経営指標のダッシュボードを作るなら、コンセプトは「一目で会社の経営状況がわかるようにする」となるでしょう。社会問題を扱った報道であれば「○○の問題について傾向を知らせる」のようになるはずです。

データ可視化は、その気になればいくらでも手間と時間をかけることができてしまいます。コンセプトを明確にしないまま手を動かし始めると、無駄な作業が発生したり、伝える要素が多すぎてかえってユーザーに何も響かないことがあります。コンセプトを決めることは、そのデータ可視化プロダクトの「面白いところ」を決め、作り込む要素の優先順位をつけることでもあります。

「はじめに」でも触れた、新型コロナのダッシュボード制作を例にとります。再度記しておくと、ダッシュボードを制作した２０２０年2月当時は「未知のウイルスがまさに日本に入り始めていた」時期でした。日本の感染状況に関するニュースの多くは「○○県で初の感染確認」「○○のタクシー運転手が感染」といった個別の感染者に関するものが大半でした。一方で、「いま日本国内で何名が感染しているのか」「どこの県で感染が確認されているのか」といった、データを確認する手段は極めて少ない状態でした。

そこで考えたダッシュボードのコンセプトは「冷静にデータを吟味して現状を把握できること」でした。最新情報を早く伝えるよりも、現在の状況を冷静に吟味できるように、フラットな状態で伝えること。そのために、情報源も早さではなく確度を重視し、厚生労働省の発表をベースとすることを選択しました。

このコンセプトが決まると、別の部分も決まってきます。まずデザインの基本テーマは、可能な限り「煽り」を廃し、冷静にデータの確認ができるようにフラットな配色としました。濃い赤や黄色といった危険色（警告色）は使わず、ダークモード（PCやモバイル端末において暗い色を基調としたモード）の配色をベースとして中立的なイメージを与える青緑色を基本としました。

それと同時に、速報性、独自性、データの解釈といった要素は思い切って捨てました。すでに各社が展開していた速報や独自情報と同じ部分で勝負をしていたら、1人で開発からデザインまで行う自分に勝ち目はありません。また、速報や解説記事にまで手を出していたら、その後のデータ更新や集計基準変更によって早晩運用体制が破綻していたでしょう。

結果として、ダッシュボードがすでにオープンになっているデータをもとにしているにもかかわらず多くの人にシェアしてもらえたのは、明確にコンセプトを定めたからだと考えています。

コンセプトが明確になっていると、その後の改良もスムーズに行えるのがメリットです。東洋経済のダッシュボードでは膨大な数の問い合わせをいただき、その中にはもちろん改良の要望も多々ありました。すべて対応していると、とても手に負える量ではありませんでしたが、先に挙げたコンセプトを意識することで、必要な改良とその優先順位を明確にする作業が楽になりました。

面白いデータの探し方

続いて「面白いデータの探し方」について考えてみます。「面白いデータ」とは抽象的な表現ですが、ここでは「役に立つ」「価値がある」「社会的に有意義」といった様々な要素を含んでいると考えてください。私自身は報道の分野でデータ可視化を行っているため、データを探すことも大事な仕事のひとつですが、ビジネスでデータを扱っている方にとっても、データを収集したり調査する際に意識しておいて損はありません。

私の経験上「面白いデータ」の条件は「何となく思っている仮説や疑問をデータで裏付ける」ものです。仕事でも日常生活でも、多くの人は「こんな傾向があるのでは」「この問題はここから起きているのでは」と、漠然とした疑問や仮説を持っています。こうした疑問や推測にデータで答えを出したり、あるいは裏付けたりすると、人に強い興味を持ってもらえたり、社会的に大きな反響があるものです。

見方を変えると、データ自体の「面白い」「つまらない」の差はあまり大きくありません。人の疑問や仮説というニーズをうまく捉えることが「面白い」につながります。

この点で巧みなデータの選び方をした報道コンテンツが、米国の報道機関ウォール・ストリート・ジャーナルが2015年に発表した「20世紀における感染症との闘い：ワクチンのインパクト」です（図3－3）。

はしか（風疹）、A型肝炎、おたふくかぜといった感染症の症例数が「ヒートマップ」と呼ばれる可視化手法で示されています。縦軸がアルファベット順に並んだ全米50州、横軸が時系列、各セルの色がその年における人口10万人あたりの症例数です（感染症ごとに症例

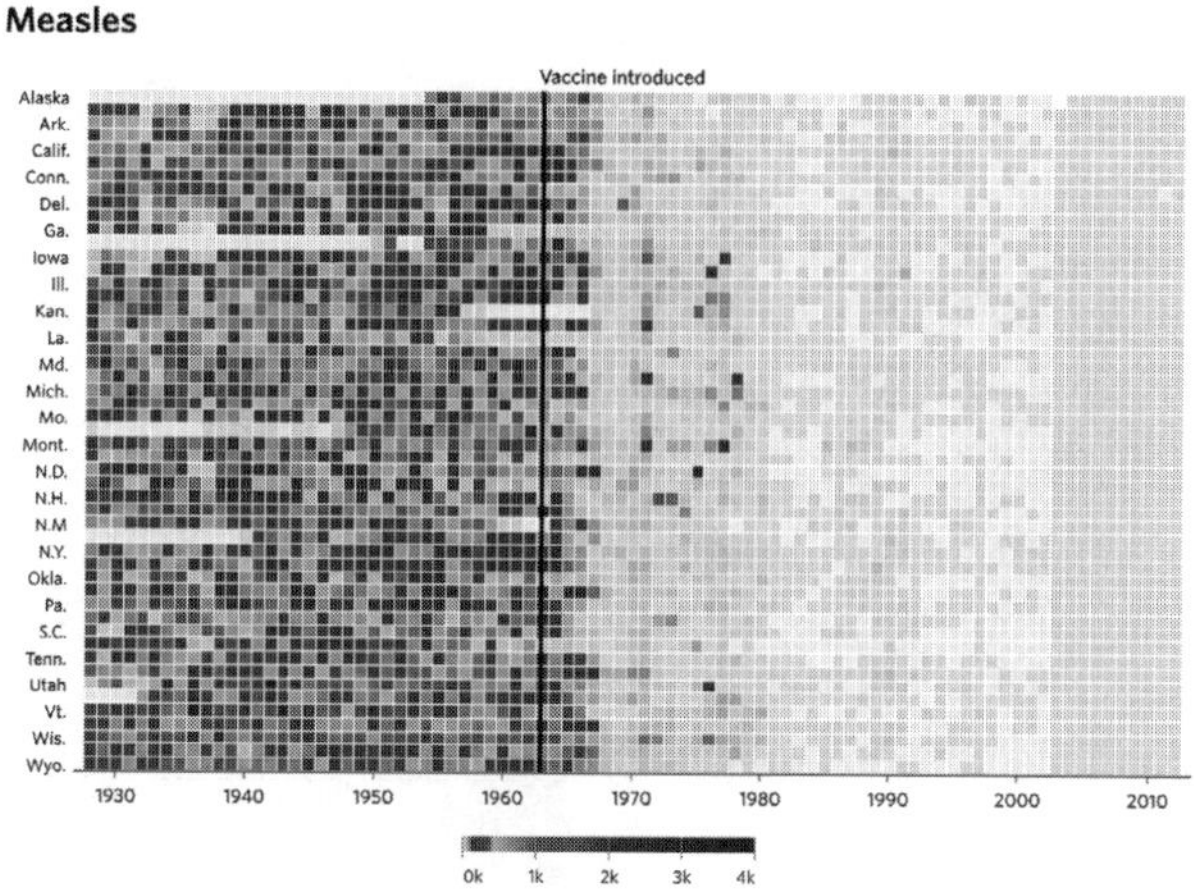

図3-3　Wall Street Journal "Battling Infectious Diseases in the 20th Century: The Impact of Vaccines"

数は異なるので、色と数字の対応はそれぞれ異なります）。「Vaccine introduced」とラベルのついた縦線は、その感染症に対するワクチンが導入された年です。

このデータ可視化自体は極めてシンプルなものです。データはピッツバーグ大学から取得し、Highchartsという名前のJavaScriptライブラリ（JavaScriptというコンピュータ言語でグラフを描画するためのプログラム）でヒートマップを表現しています。ワクチン導入年の縦線を表示する以外は、ほぼライブラリのデフォルト設定のままで可視化を行っており、コンテンツにはそれ以外の解説や解釈などは含まれていません。

当時のデータがどのように公開されて

いたのかはわかりませんが、仮にExcelやＣＳＶ（テキストによる表）といった表形式でデータが公開されていたなら、早ければ数時間でこの可視化を作ることができるでしょう。それにもかかわらず、このコンテンツはマイクロソフト創業者ビル・ゲイツがツイッターでシェアするなど世界中で拡散され、２０１５年のデータ・ジャーナリズム・アワードにて、その年で最も優れた可視化作品に贈られる賞であるデータ・ビジュアライゼーション・オブ・ザ・イヤーを獲得しました。

この背景には、アメリカにおける根深いワクチン懐疑論があります。新型コロナのワクチンをめぐっては、その副反応を５Ｇ回線や磁力などと結びつける荒唐無稽な陰謀論が一部で流行しましたが、そのずっと前から「アンチ・ヴァクサー（anti-vaxxer）」と呼ばれる反ワクチン論者がアメリカでは社会問題となっていました。ワクチン反対論に影響された親が自分の子にワクチンを打たせない事例もあり、２０１４年末から２０１５年１月にかけてカリフォルニアのディズニーランドではしかの流行も起きていました（https://www.afpbb.com/articles/-/3037443）。

ワクチンの意義や有効性が議論される中で、この問題にデータで応えたのが今回のコンテンツです。副題「ワクチンのインパクト」が示すとおり、ワクチンが感染症に及ぼす効力について一目で理解できる強力な視覚的メッセージを与えています。先ほどの「面白いデータ」の条件でいうと「ワクチンは本当に効果があるのか？」という「何となく考えている疑問」に見事にデータで答えたものであるといえます。

では、このようなデータを必要に応じて提示できるようにするにはどうするか。私の経験上、何かアイデアが浮かんでからデータを探すのでは時間がかかりすぎて機を逸してしまう恐れが強い。おすすめするのは、日頃から「データの引き出し」を作っておくことです。どこにどのようなデータがあるのか、大まかでよいので頭に入れておけば、何かニュースを目にしたときや、新しい可視化手法を知ったときにデータと組み合わせることができます。

さらに可能であれば、データの概要だけではなく項目名まで網羅しておくとよいでしょう。たとえば私が頭の中の「いつか使えそうなデータ」フォルダーに入れているものに、文部科学省が毎年公表する「学校基本調査」という統計があります。小学校や中学校など各種の学校における進学者数や学校薬剤師の数など、細かな点まで網羅された調査データです。

文部科学省によると、学校基本調査は「学校教育行政に必要な学校に関する基本的事項を明らかにすることを目的として……昭和23年度より毎年実施しています」とされていますが、これだけでは具体的にどのようなデータが載っているのかわかりません。そこで、

「中学校∨学校医等の数∨学校薬剤師」「大学・大学院∨大学院年齢別入学者数∨国立・女性∨30〜34歳」といった、具体的な項目までメモしておくと、記憶にも残りやすく、組み合わせが浮かびやすいのではないかと思います。

もちろん大規模な調査データの項目を丁寧に網羅するのは手間です。多くの統計データはExcelなどの表形式で公開されているはずですから、表の一番上にある行あるいは一番左にある列を丸ごとコピーしてメモ帳アプリに貼り付け、後から検索できるようにしておくだけでもだいぶ便利になります。

【付録：よく見る統計データ】

日本では様々な種類の統計データが公開されています。ここでは総務省統計局「日本の統計」に掲載されている統計データの中から、目にする機会が多いデータをピックアップしました（図3－4）。

	統計の名前	公表機関	更新の頻度	概要
人口データ	国勢調査、人口推計	総務省	国勢調査は5年ごと、人口推計は1ヵ月ごと	年齢階級（5歳ごと）別の人口を知ることができる。より詳しく市区町村別の人口を見る場合は総務省「住民基本台帳に基づく人口、人口動態及び世帯数」も便利。
気象データ	過去の気象データ検索	気象庁	最短10分ごと	気象庁のホームページでは過去の気象データを検索して、全国の気温、降水量、気圧などのデータを閲覧・ダウンロードできる。
GDP	国民経済計算	内閣府	毎四半期（四半期GDPの場合）	四半期および年次のGDP。名目、実質、およびGDPデフレーターも確認できる。
地価データ	地価公示	国土交通省	毎年	全国約26000地点の1平方メートルあたりの土地価格を評価し、公表したデータ。土地価格の移り変わりを知ることができる。似たデータに「基準地価」もある。
犯罪データ	犯罪統計	警察庁	毎月	犯罪の種類や都道府県別の認知件数や検挙人員といったデータを見ることができる。なお各都道府県警の犯罪統計で詳しい地域も網羅されている場合が多い。
労働関連データ	毎月勤労統計調査	厚生労働省	毎月	毎月末現在の給与額、労働時間、パートタイム労働者比率などを知ることができる。

図3-4　よく見るデータの統計

第3章のまとめ

1）データ可視化において最も重要なのは、データの意味や内容を踏まえて適切な視覚表現に落とし込む「データの編集」能力。

2）データの編集過程ではデータの項目を重要なものだけに絞る、数字から導ける概念（メタファー）を逆算する、伝えたいメッセージやストーリーといったコンセプトを明確に設定する、などが重要。

3）すでに公開されて広く知られているデータからでも面白いデータ可視化は作れる。日頃から興味深いデータを頭の中の「引き出し」にストックすることで、ニュースを目にした際や新しい可視化方法を知った際に組み合わせることができる。

第４章　データを編集する（実践編）

前章では、データの意味や内容を踏まえて視覚表現に置き換える「データ編集」の考え方について学びました。データ編集の工程ではデータを本当に必要なものだけに絞り、数字から読み取れる意味（メタファー）を考慮してメッセージやコンセプトを設定することが重要です。

続いて、本章ではデータ編集の「実践編」に入ります。およそどんなデータであっても、複数の「軸」に分解することができます。実際にデータを編集する際は、**データの「軸」を考える**ことがとても重要です。この章では、複雑な構造であっても戸惑うことなくデータを視覚表現に変換するコツを説明します。

データの「軸」を考える

データの構造というと難しく聞こえるかもしれませんが、考え方はとてもシンプルです。あらゆるデータは純粋な数字の羅列ではなく、分類したり時系列に並べることができます。これらの分類や時系列を、私は「軸」と呼んでいます。

たとえばレストランの売り上げデータについて考えてみます。会社やシステムによってデータの持ち方は様々でしょうが、おそらく最も小さな単位は「1組の顧客が1つの料理を注文したときの売り上げ」でしょう。この場合の軸は「いつ買ったのか」「どこで買ったのか」「顧客の属性（年齢、性別、会員制度がある店ならその種類）」「当日の環境（気温、天気）」などがありえます。これらの軸は「顧客の年齢別売上高」のように単独で使うこともあるでしょうし、複数を組み合わせることもあるでしょう。

軸とはデータの構造を考えた時にひとつの数字を分類できる「次元」と言い換えてもよいかもしれません。データ全体を「軸」が集まったものとして捉えると、データの構造を整理して考えることができます。

やや乱暴な言い方ですが、データ可視化とはこの軸を「縦の位置」「横の位置」「サイズ（棒の長さ、円の大きさなど）」「色」「奥行き（3Dで表現する場合）」「動き（アニメーションで表現する場合）」といった視覚表現に変換する行為だといえます。

引き続き、店舗の売り上げデータを表現することを考えます。図4－1は店舗ごとに「商品を購入した顧客の平均年齢」と「平均購入単価」をそれぞれ横軸・縦軸に変換したものです。ひとつひとつの円がそれぞれの店舗を示しています。円が上に行くほど購入単価が高い店、右に行くほど顧客の年齢が高い店を現しています。このデータは架空のものですが、現実でこのようなデータを見たら「顧客の年齢が高いほど購入単価が高い」「子育て世代の購入単価が最も高い」といった結果が見られるかもしれません。

このように縦軸と横軸からなる空間に点を打ち、傾向や分布を示すグラフを散布図と呼

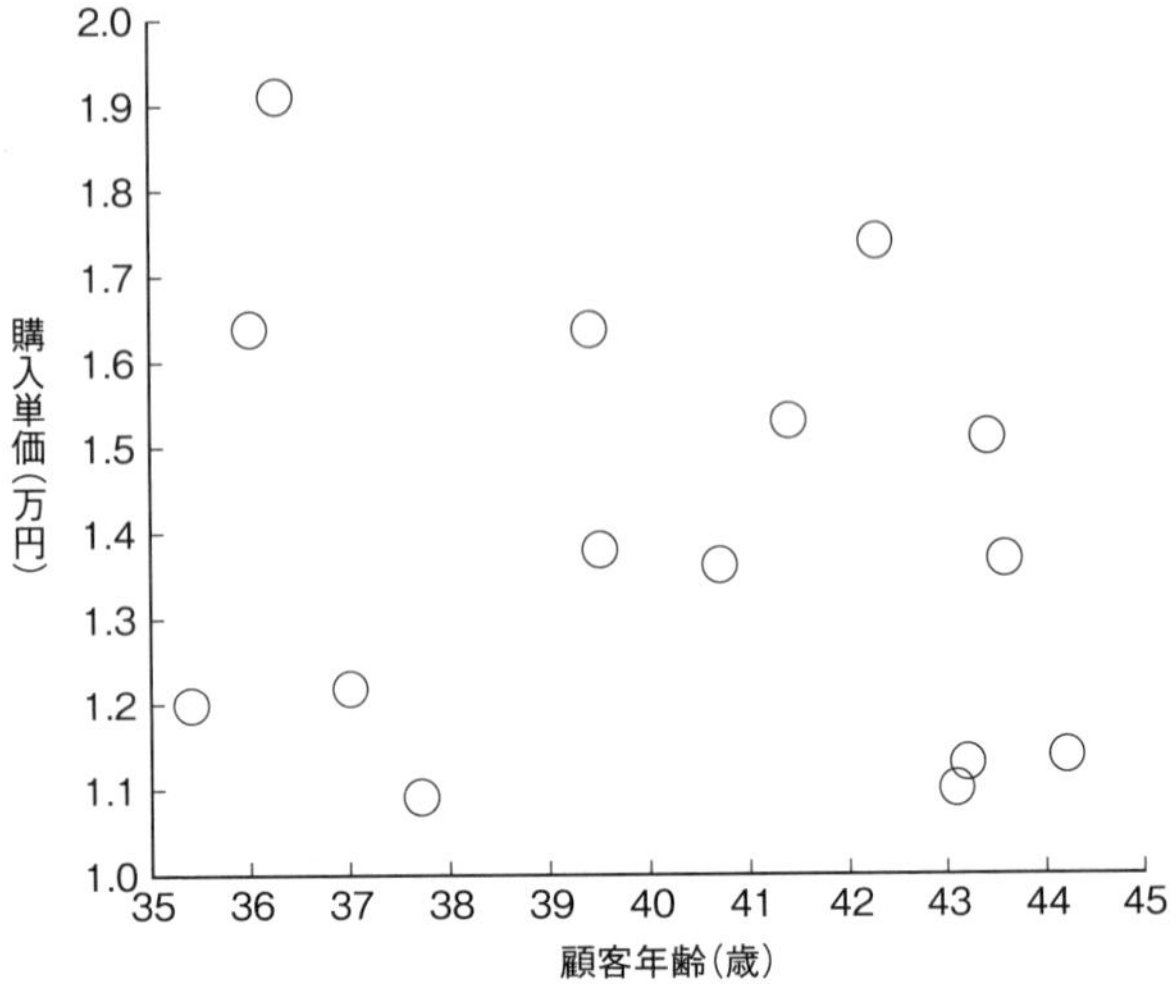

図4-1　各店舗の平均購入単価と顧客の平均年齢
（データは架空のもの）

びます。さて、ここに1つ軸を足したいときにはどうすればよいでしょうか。たとえば店舗ごとの売上高を同時に見たい場合、すでに「縦軸」と「横軸」はデータを設定しているため、他の視覚要素を割り当てます。

図4－1のグラフに、売上高をもとに円のサイズを調整した3軸のグラフが図4－2です。円が大きいほど売り上げが大きい店舗です。

それぞれの円がバブル（泡）のように見えることから、このようなグラフは「バブル・チャート」と呼ばれます。これで縦軸と横軸だけでなく、売上高の規模による違いも可視化できるようになりました。データ

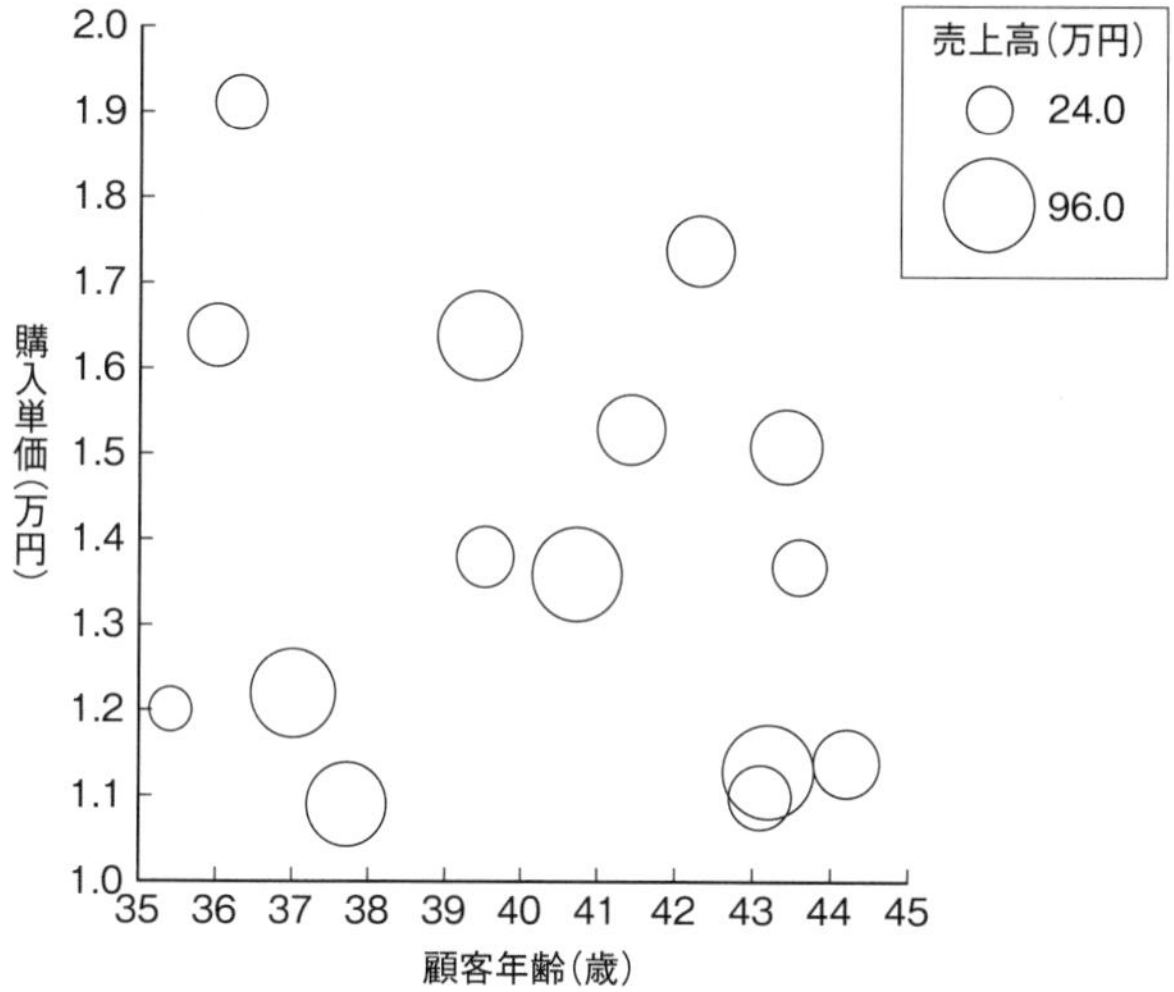

図4-2　各店舗の売上高、平均購入単価、顧客の平均年齢
（データは架空のもの）

によっては「売上高が大きな店舗では購入単価も大きい」といった傾向が見て取れるかもしれません。

それでは、さらに軸を足してみるにはどうすればよいでしょうか。たとえばこれらの店舗の業態が「イタリアン」「和食」「中華」に分かれており、業態による違いも見たいとします。縦軸、横軸、円のサイズはすでに別のデータに割り当てているため、ここでは「色」で業態を区分してみます。すると図４－３のようになります。

これで「顧客の平均年齢」「平均購入単価」「店舗ごとの売上高」「店舗ごとの業態」と、４次元のグラフを

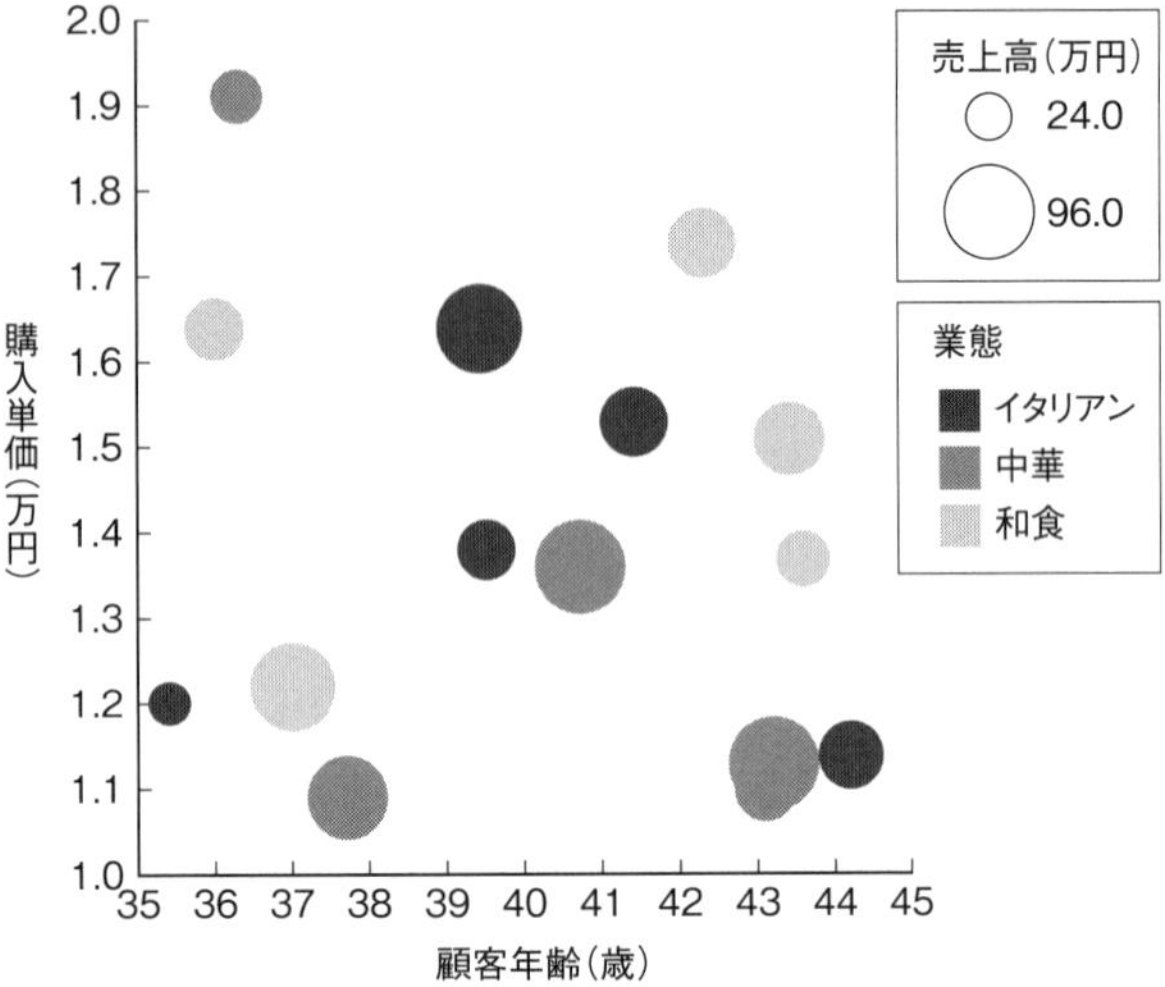

図4-3　各店舗の業態、売上高、平均購入単価、顧客の平均年齢
（データは架空のもの）

作ることができました。このように、「軸」という視点からデータの構造を整理するとデータに対する理解も深まります。

ただし、軸の種類によって適した表現方法が異なる点には注意が必要です。たとえば今回は売上高を円のサイズで、業態を色で表現しました。売上高のように規模の大小を示すデータは、同じように要素の規模を示唆する円のサイズで表現するのに適しており、色は要素の性質を示唆する視覚表現ですから、業態の表現に使いました。もしこの組み合わせが逆だったら（売上高を色で、業態を円のサイズで表現していたら）、少なからず読み手に違和感を与えます。

尺度の種類を意識する

ひとくちに「軸」といっても、その性質は「国」「売り上げ」「日時」などデータによって様々です。統計学において、個々のデータは「変数」と呼ばれますが、変数は性質によって4種類の「尺度」に分けられます。それぞれの軸がどの尺度に当てはまるのかを意識しておくと、グラフに表現するときでも迷わずに適した表現を選ぶことができます。

まず、データと聞いて一般的にイメージされる「売り上げ」「身長」「テストの点数」などは「比例尺度」と呼ばれます。比例尺度の見分け方は、「AはBの◯倍」という表現が可能かどうかです。たとえば「売り上げ」は比例尺度であり、「今日の売り上げは40万円だった。昨日は20万円だったから2倍だ」といった表現ができます。また「0」である場合に「売り上げがない」と表現できるのも比例尺度の特徴です。

比例尺度と似ていますが「偏差値」「気温」などは「間隔尺度」と呼ばれます。比例尺度と異なり、間隔尺度は「◯倍」の表現ができず、0を「ない」と表現することもできません。たとえば偏差値について「偏差値60は偏差値30の2倍成績が良い」と表現することはできませんし、気温0度を「気温がない」と表現することもしません。

グラフ作成の際も、間隔尺度では通常、棒グラフを使いません。棒グラフは「データの値と棒の長さを連動させることによって視覚的な比較を可能にする」ことが趣旨です。したがって、棒グラフは「○倍」の比較ができる比例尺度でのみ使うことができます。ついつい「どちらでもよい」と扱われがちな棒グラフと折れ線グラフですが、尺度を意識すると使い分けが明確になります。

ちなみに紛らわしい点ですが、「2年間」「30分間」のように「時間」を表す場合は比例尺度です（40分間は20分間の2倍であると表現できます）。一方で「2022年」「午後9時30分」など、時点や時刻を表す場合は間隔尺度です。「午前8時は午前4時の2倍」とは表現しませんし、西暦0年を「西暦がない」と表現することもできません。

3つ目の尺度は「順位」など要素の順番を示す「順序尺度」です。その名の通り「順序」を示す尺度なので、間隔尺度と異なり平均値を取ることができません。たとえば3人の生徒がテストでクラス「3位」「5位」「10位」の成績だったとします。3位の生徒が3人の中で最も成績がよいことはわかりますが、「3人の平均は6位」と表現することはできませんし、「3位と5位の差」よりも「5位と10位の差」の方が大きいとは限りません。

最後が「名義尺度」です。「性別」「国名」「所属する部署」など、他と区別するための名称や分類です。数字ではなく名前や種類を示す尺度なので、平均をとったり、大小を比較す

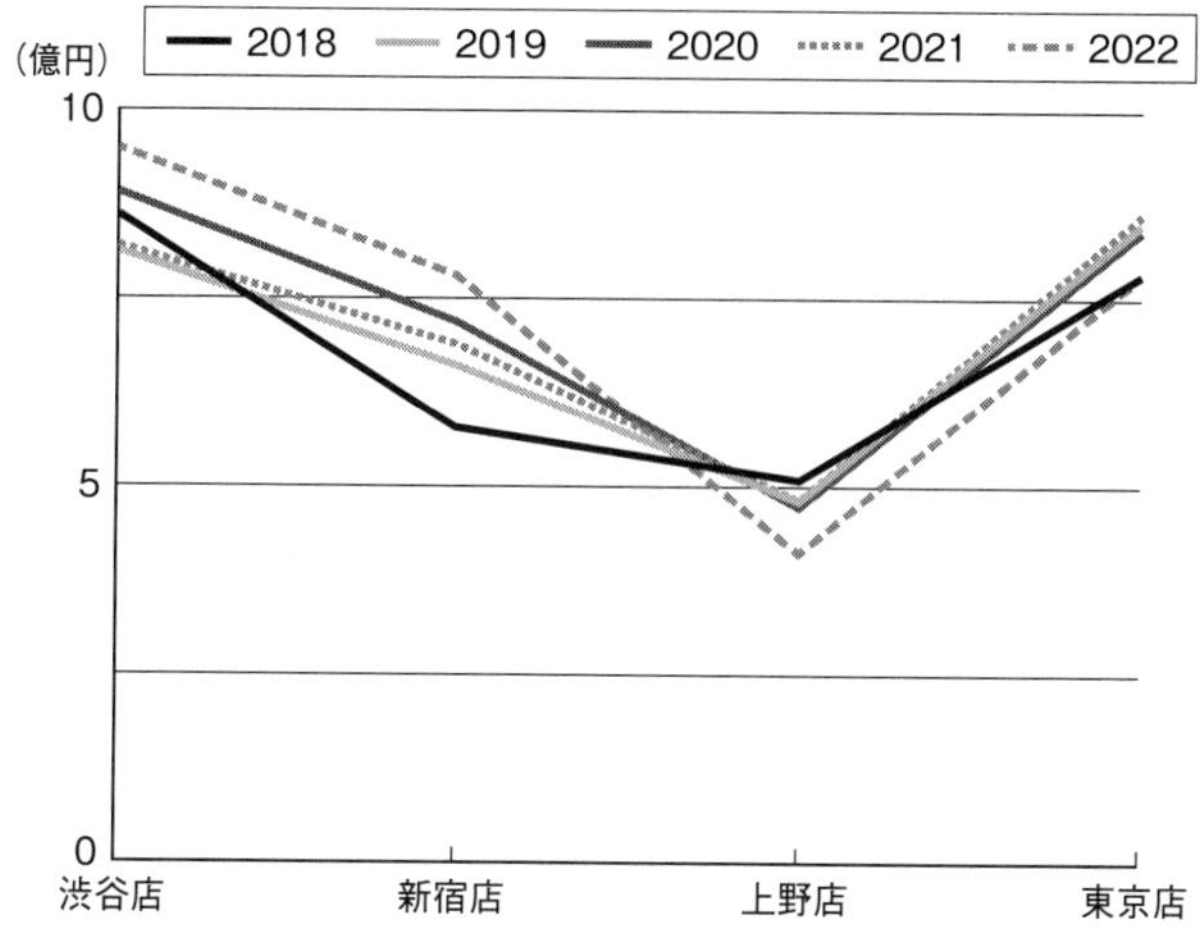

図4-4　軸の使い方がずれたグラフ（データは架空のもの）

ることはできません。名義尺度をグラフに表す際は、ラベルを添えたり色を変えることで表現することが多いでしょう。

これらの尺度を日常的に意識することは少ないかもしれませんが、尺度の種類にそぐわない可視化表現を使うと受け手に強い違和感を与えることになります。

たとえば図4－4を見てみましょう。

架空のレストランの店舗ごとの売り上げを示したものです。縦軸に売上高、横軸に店舗、折れ線の種類がそれぞれの年度を示しています。

一見して読みづらいグラフと感じられるかと思います。最大の理由は、尺度に適した表現方法を使っていないことです。このグラフでは名義尺度である店舗をつ

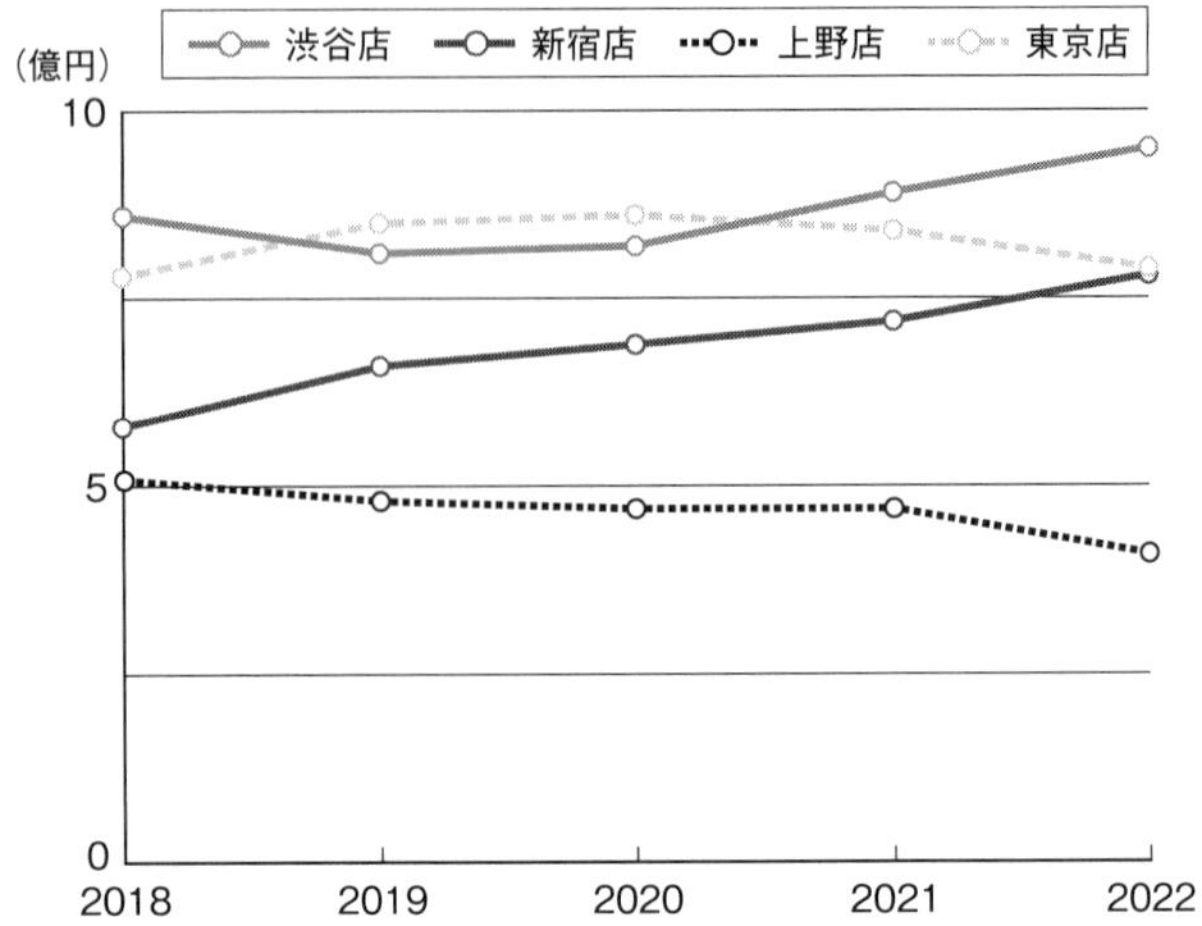

図4-5　軸の使い方を修正したグラフ（データは架空のもの）

なぐために折れ線グラフを使っています。

名義尺度はデータの種類や名称を区別するために使うものであり、折れ線グラフのように連続的なデータを扱うための表現には向いていません。折れ線で表現するのは時系列、ここでは年ごとの売り上げを扱う方が自然でしょう。

そこで、図4－5のようにグラフを修正してみます。

名義尺度である店舗を折れ線の種類で、年度を横軸で表現するように変えました。これで各店舗の推移も見やすくなったかと思います。

グラフを見るときに「何か見づらい」「どこかわかりにくい」と感じることがあると思います。そのような場合には尺

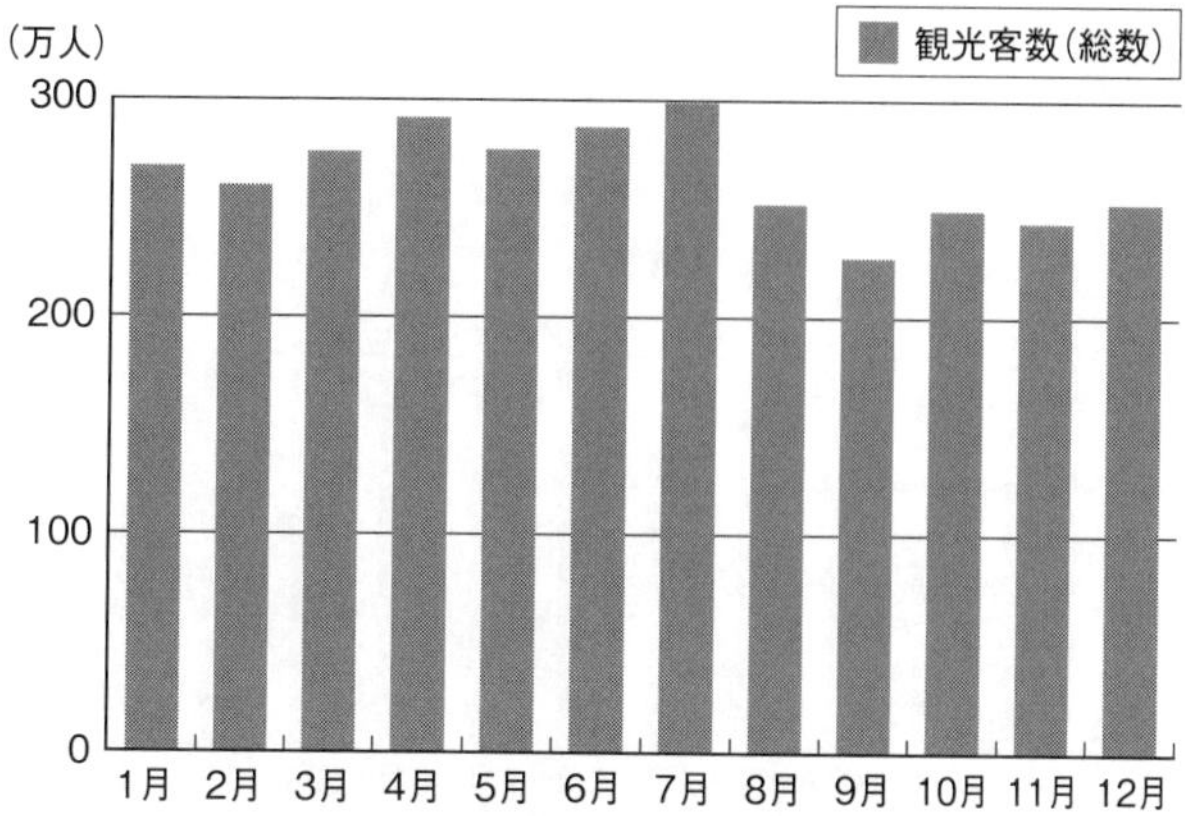

図4-6　2019年度・日本への観光客数の月別推移
(データ：JNTO「訪日外客統計」)

度の種類と表現方法がきちんと嚙み合っているかを確かめてみましょう。尺度の話は込み入っていてわかりにくいかもしれませんが、間違えるとグラフのわかりやすさに大きく影響するため、面倒でも時々は立ち止まって自分の作っているグラフを確認してみるのがよいでしょう。

次元の数に適したグラフ

「軸」の観点から見ると、私たちがふだん目にする棒グラフや円グラフは「売り上げと日付」「収穫量と年度」など、縦と横の2つの軸を表現した2次元のグラフであると言えます。たとえば第2章で扱った観光客のデータを例に取ると、日本への観光客数推移のグラフは図4－6のようになります。

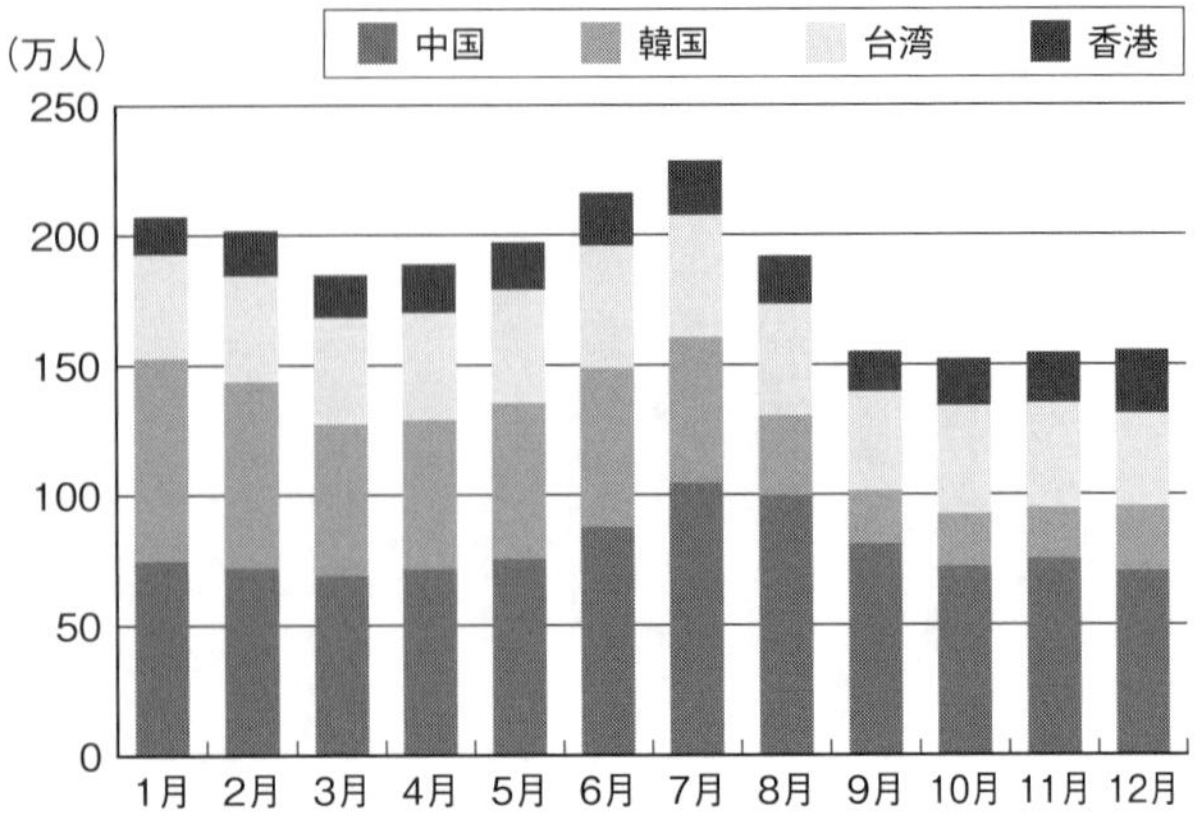

図4-7　2019年度・日本への観光客数の月別推移・トップ4ヵ国のみ（データ：JNTO「訪日外客統計」）

こちらは２０１９年度における日本への観光客数の月別推移です。もし表現しようとしているデータが２次元で足りるのであれば、このようなシンプルな方法で表現するのが最もわかりやすいでしょう。

次に、このグラフに新たな軸「観光客の出身国（正確には国・地域。以下同）」を追加することを考えます（図４－７）。

先ほどと同じデータを、１年間の累計観光客数が多い国トップ４（中国、韓国、台湾、香港）に絞って分類したものです。国の分類が３～４つ程度であれば、折れ線グラフの線を複数にしたり、棒グラフを区分けすることで視覚的にも問題なく対応できます。

しかし、追加したい国の数が増えると、要素が混雑して非常に読みづらいグラフとなっ

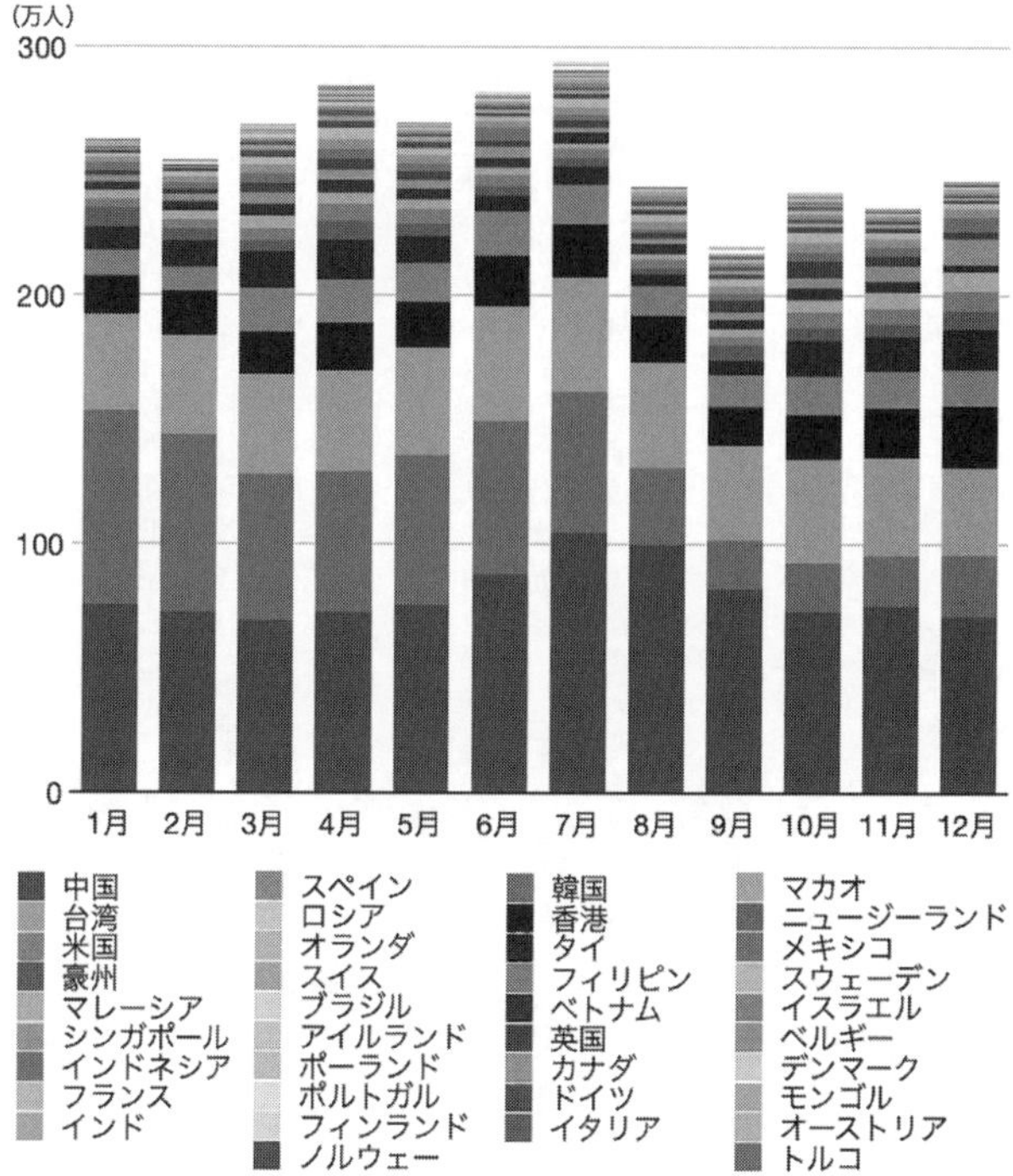

図4-8　2019年度・日本への観光客数の月別推移・国別

（データ：JNTO「訪日外客統計」）

てしまいます（図4−8）。

図4−7のグラフと同じく国別・月別の観光客数推移ですが、多くの国を網羅しているため、棒グラフの分類がすさまじく煩雑になっています。たとえ色がついていても凡例でデータを区別することはできないでしょう。

折れ線グラフや棒グラフで3次元のデータを表現するのに

は限界があります。3次元のデータを表現するには「縦軸」「横軸」に加えてもうひとつの「軸」を表現できるデータ可視化が必要です。

代替案のひとつが第3章でも触れた、縦軸・横軸に加えて色で値を表現する「ヒートマップ」と呼ばれる可視化手法です。これは縦横の2次元に分けたセルのひとつひとつを、値によって色分けする方法です。色に変換しているため厳密な数値の比較は難しいですが、全体的な傾向を一目で示すことに長けています。

たとえば日本経済新聞「チャートで見る日本の感染状況　新型コロナウイルス」では、都道府県ごとの新型コロナ日別新規感染者数をヒートマップで表現しています。これによって多くの都道府県の感染状況を一覧することができます（図4－9）。

縦軸が都道府県、横軸が２０２０年3月から最新時点までの日付です。濃い色の部分が感染者数の多かった日を示しています。これを見ると、都道府県ごとに感染の「波」があり、２０２１年10月から12月にかけて感染者数が少なかった時期や、その後の感染者数急増（第6波・第7波）では感染者の絶対数が大きいため、ほぼすべての都道府県が濃く染まっている時期があることがわかります。

このように各要素（この場合は都道府県）の推移と全体の状況を同時に把握できるところがヒートマップの利点です。

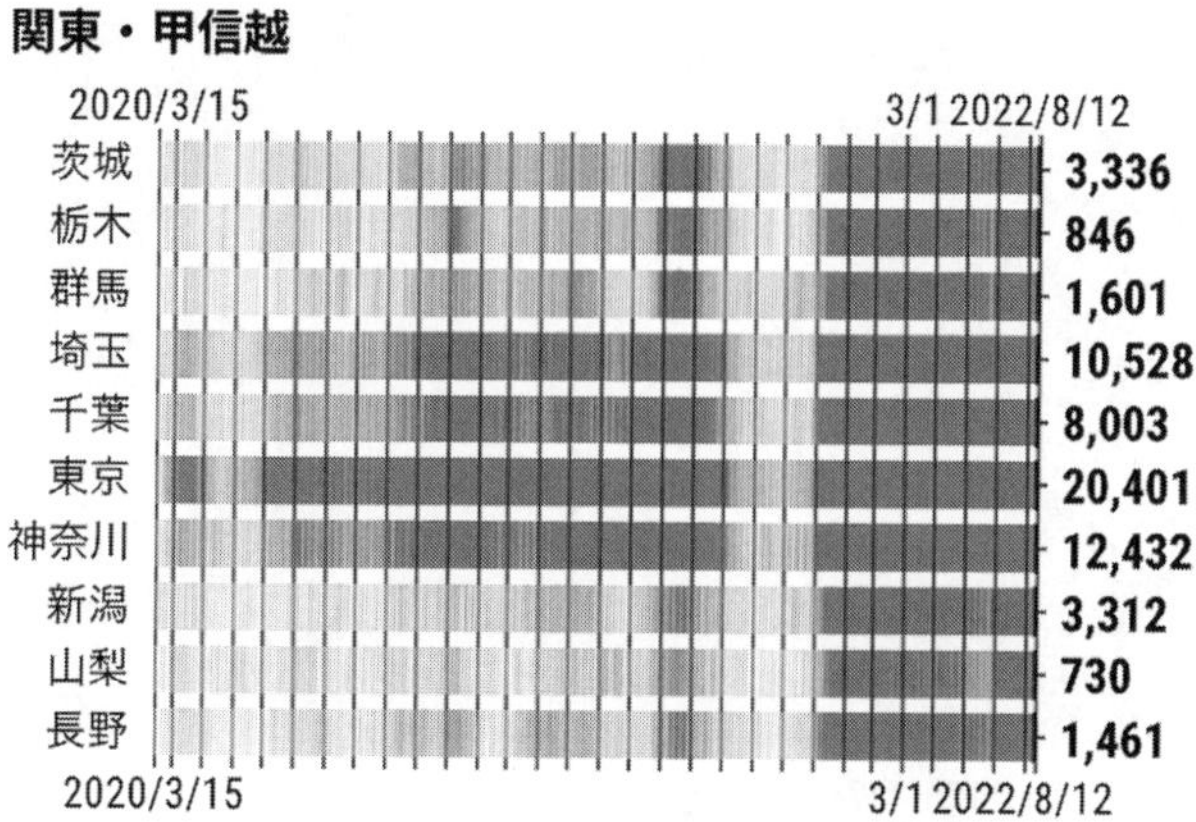

図4-9　日本経済新聞「チャートで見る日本の感染状況　新型コロナウイルス」より（2022年8月14日アクセス　https://vdata.nikkei.com/newsgraphics/coronavirus-japan-chart/）

もうひとつの方法に、擬似的な3Dのグラフを作る「リッジライン・プロット」と呼ばれる可視化手法があります（図4－10）。

これは私が2021年の気温を可視化したものです。左から右にかけて延びる1本ずつの線が東京における1日の気温の推移、手前から奥に向かって1月1日から8月にかけての気温を示しています。手前の線は上昇がなだらか＝寒いので気温があまり上昇しておらず、奥の方は夏ですので日中の気温が急上昇していることがわかります。

リッジラインとは山の稜線（峰と峰をつなぐ尾根）という意味です。山々が連なっているように見えることからこの名前がつきました。ひとつひとつのグラフが小さく表示されるため、ヒートマップと同じく細か

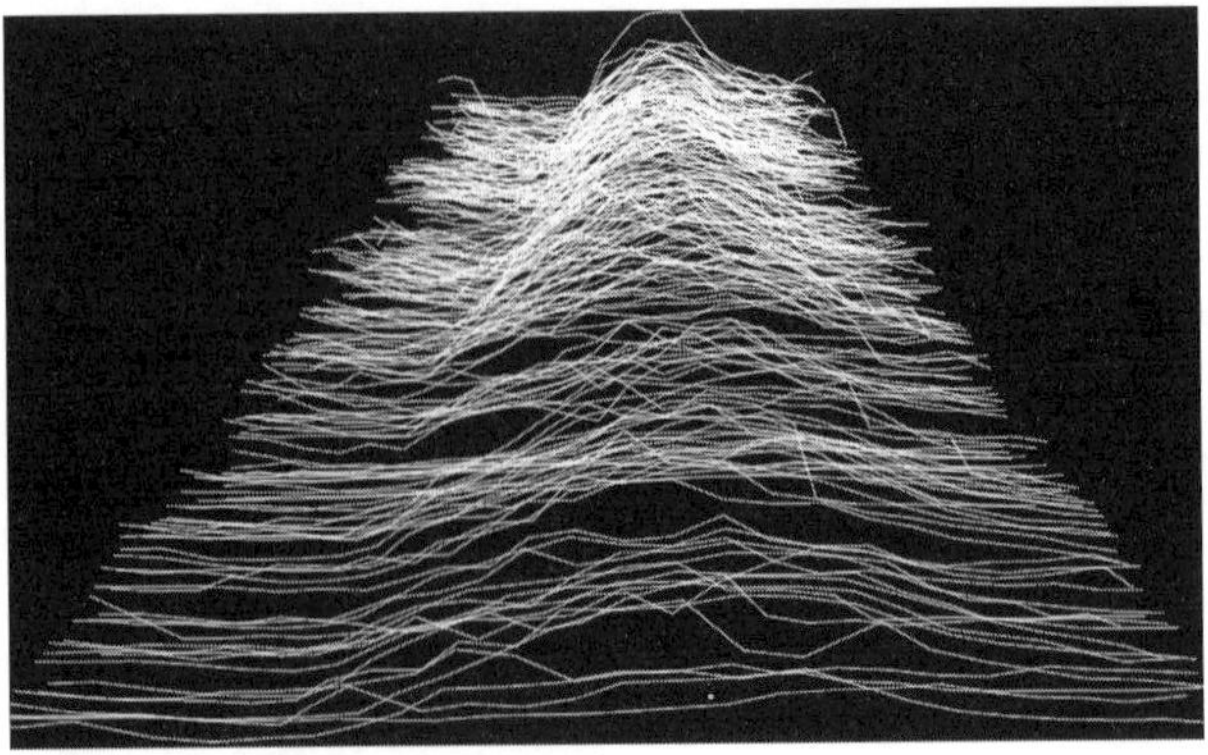

図4-10　2021年の気温データから作成したリッジライン・プロット（データ：気象庁）

な値の比較を行うことには不向きですが、たとえば個々のグラフごとにピークが少しずつ異なる場合など、全体的なパターンを捉える際に便利です。

軸を意識して見慣れたデータを新鮮に見せる

軸を意識することによって、見慣れたデータであっても従来とは違う見方を提供することが可能になります。

たとえば私は２０１８年7月に「日本の夏は徐々に暑く・長くなっている」と題したインフォグラフィックを東洋経済オンラインで公開しました。東京における夏の日別平均気温を気象庁の公開データから取得し、ヒートマップに表現したものです（図４－11）。

縦軸が１８７０年代（なんと気象庁は１４０年以

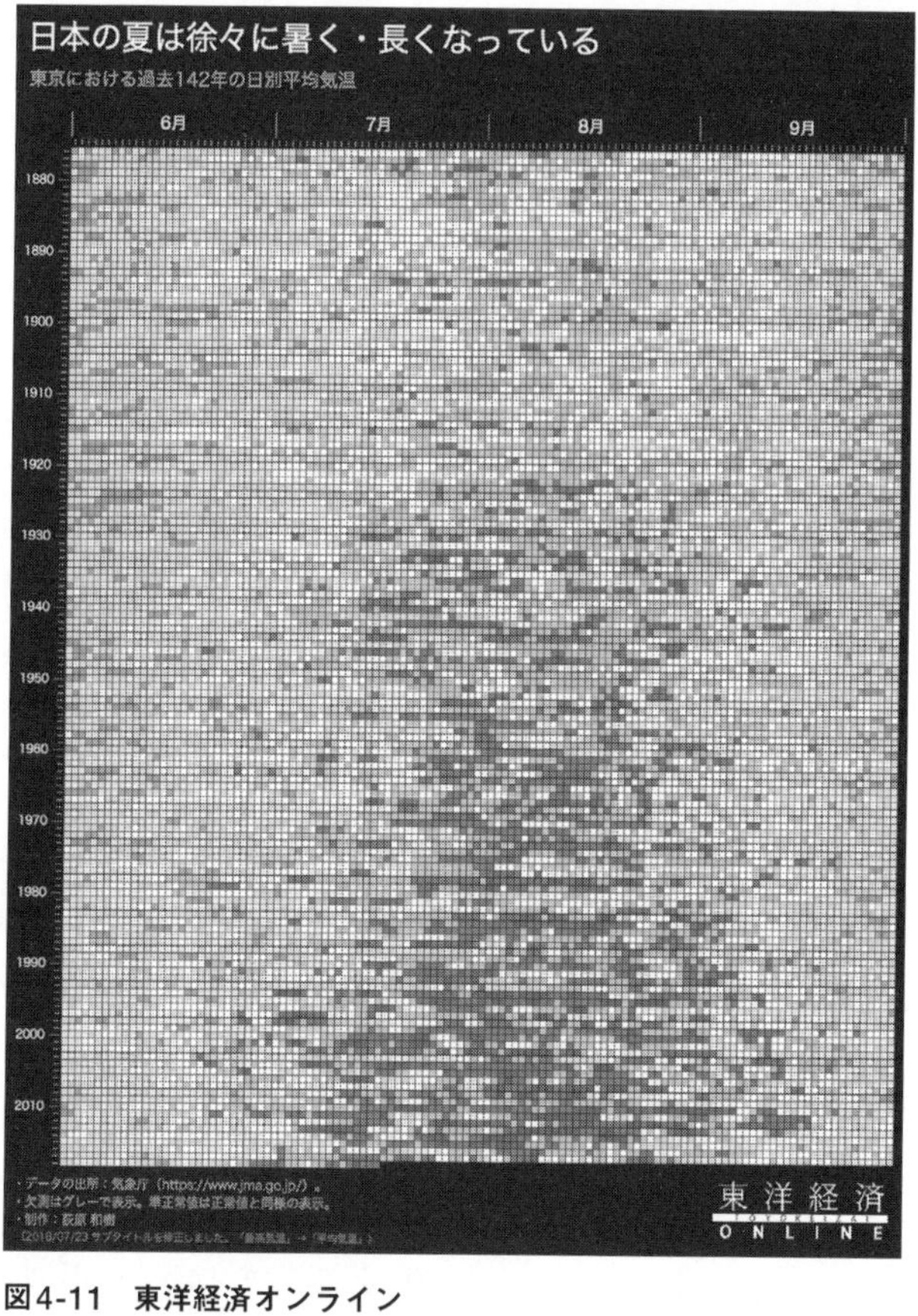

図4-11　東洋経済オンライン
「日本の夏は徐々に暑く・長くなっている」より

上前から気象データを観測し、データとして公開しています)、横軸が6月から9月の各日を表します。それぞれの日の平均気温を青(18度未満)から濃い赤(30度以上)で表現しています。つまり「年」「月日」「気温」という3つの軸をそれぞれ「縦軸」「横軸」「色」に変換したものです。なお夏の気温といえば「最高気温」が使われることが多いですが、今回は日中の気温だけでなく1日の気温を最も代表する指標として平均気温を採用しました。

これを見ると、東京の気温は1940年代後半、すなわち終戦後から着実に暑い日が増えていること、特に1980年代以降では7月の前半から9月まで暑い日が続き、夏の期間が延びていることがわかります。元々は英国の大学院に留学していた際の授業課題を改良したものですが、当時の猛暑を受けて予想以上の反響がありました。

私がこのインフォグラフィックを制作したのは、たまたま見かけたネット上の議論がきっかけです。小学校の生徒が熱中症で搬送されたというニュースを発端に、「最近の夏は暑いのだから」と、エアコンの設置やこまめな休憩を勧めるコメントが多く投稿されていました。

しかし、夏が暑くなっている「根拠」としてシェアされていたデータは、図4-12のように各年の年間平均気温を折れ線グラフに表したものでした。

たしかにこれを見ると、平均が13度程度であった1800年代からじわじわと気温が上

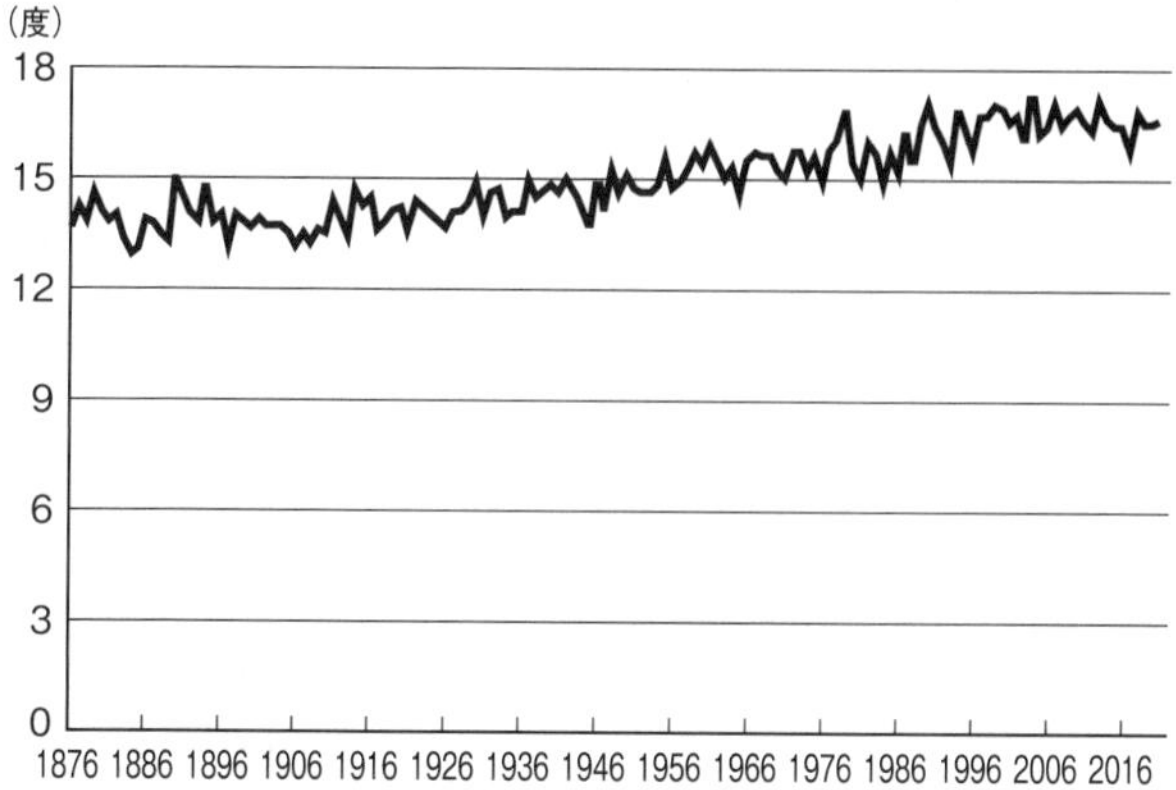

図4-12　東京における年間平均気温の推移（データ：気象庁）
※2014年に観測地点を移動している（https://www.data.jma.go.jp/obd/stats/etrn/view/monthly_s3.php?prec_no=44&block_no=47662）

がり、２０００年代では16度前後に達していることがわかります。このように、折れ線グラフで長期的な気温の推移を表現するなら、縦軸を気温、横軸を時系列（年）とするのが最も素直です。

そして先ほど説明したように、折れ線グラフや棒グラフでは3次元の情報を表現することが難しいため、各日の気温にまでは踏み込まず「年間平均気温」という形で次元を１つ落とすことにしたと思われます。

しかし、この方法だと気温の推移が大まかすぎるため実感として気温の上昇を意識することが難しいと私は考えました。

当然ながら、同じ夏でも非常に暑い日とそうでない日があります。実感をもってデータを人に伝える際には、「自分自身の実感と結び付けられること」が非常に重要です。データを「へえ、そうなんだ」で終わらせないためには、受け手の経験や記憶を喚起するものでなければいけません。「データの世界」の外に出ない抽象的な概念よりも、具体的なイメージを呼び起こすデータである必要があります。

気象庁では最短10分ごとの気温データを公開していますが、せめて日ごとのデータを見たい。そこで次元を1つ足して、ヒートマップでグラフィックを表現することにしました。そうすると、単に「徐々に暑くなっている」だけでなく、「この年は特に残暑が厳しかった」「この年は8月前半が珍しく涼しかった」など、様々なことがわかります。

公開後は多くの方にSNSでシェアされたり、大学入試の題材に採用されるなど一定の反響がありました。日ごとの気温を公開していたため、「去年のこの日は暑くて熱中症になりかけた」「10年前の○月○日はライブに行ったけど大雨で大変だった」といった自分自身の体験に引きつける反応が多く集まったことが印象に残っています。

気象庁が公開する気温のデータは誰でも取得することができますし、気温データを使ってグラフを作った事例も過去に数多くあります。それでも、軸という観点から自分の伝えたいメッセージを考え、適切なデータ可視化の方法を選ぶことによって、今までになかった視点を提供することができます。

「5次元」のデータを表現する方法

ここまでの例では「縦軸」「横軸」「大きさ」「色」という4つの視覚表現を使ってデータを表現してきました。さらに「昔からの推移が見たいから、月別にデータの推移がわかるようにしてよ」と言われたらどうすればよいでしょうか。紙上での表現は難しいでしょうが、「Gapminder」というデータ可視化のウェブサイトでは、さらにアニメーションを活用して「5次元」のデータを表現しています。

このウェブサイトは、スウェーデンのハンス・ロスリングという医師・公衆衛生学者が設立したギャップマインダー財団によって運営されています。同財団が開発したTrendalyzer（トレンダライザー、後にGoogleに買収された）というデータ可視化ツールを使い、世界の国々を寿命、所得、携帯電話の所有率、天然ガス生産量、失業率など色々な指標をビジュアライズすることができます。

初期設定のグラフでは以下のようにデータの軸と視覚表現が設定されています。

縦軸：平均余命（歳）
横軸：平均所得（千ドル、ただし軸が線形でなく倍々になっていることに注意）
円の大きさ：人口

円の色：地域（アジア、アメリカなど）
アニメーション：時系列

先ほどはレストランの店舗を1つの円として表現しましたが、ここでは世界の国々を表しています。そして5次元目の軸として、時系列がアニメーションで表現されています（図4－13）。

バブルのひとつひとつが国を示しています。縦軸が国ごとの平均余命、横軸が平均所得です。つまり、ある国が長生きになるほど上に、豊かになるほど右に移動していきます。バブルの色は「アジア」「ヨーロッパ」などの地域を表します。左下の「再生」ボタンを押すと、国々を示すバブルが位置と大きさを徐々に変えていく様子をアニメーションで見ることができます。

ロスリングは生前「事実に基づいて世界を見ること」をテーマにした講演活動なども行っており、2017年の没後にも息子オーラ・ロスリングとその妻アンナ・ロスリング・ロンランドが活動を引き継ぎました。2018年には3名を著者とする『FACTFULNESS（ファクトフルネス）』（日経BP、2019年）が日本でも100万部を超えるヒットとなりました。

さて、Gapminderで先ほどのアニメーションを見ると様々なことがわかります。19世紀

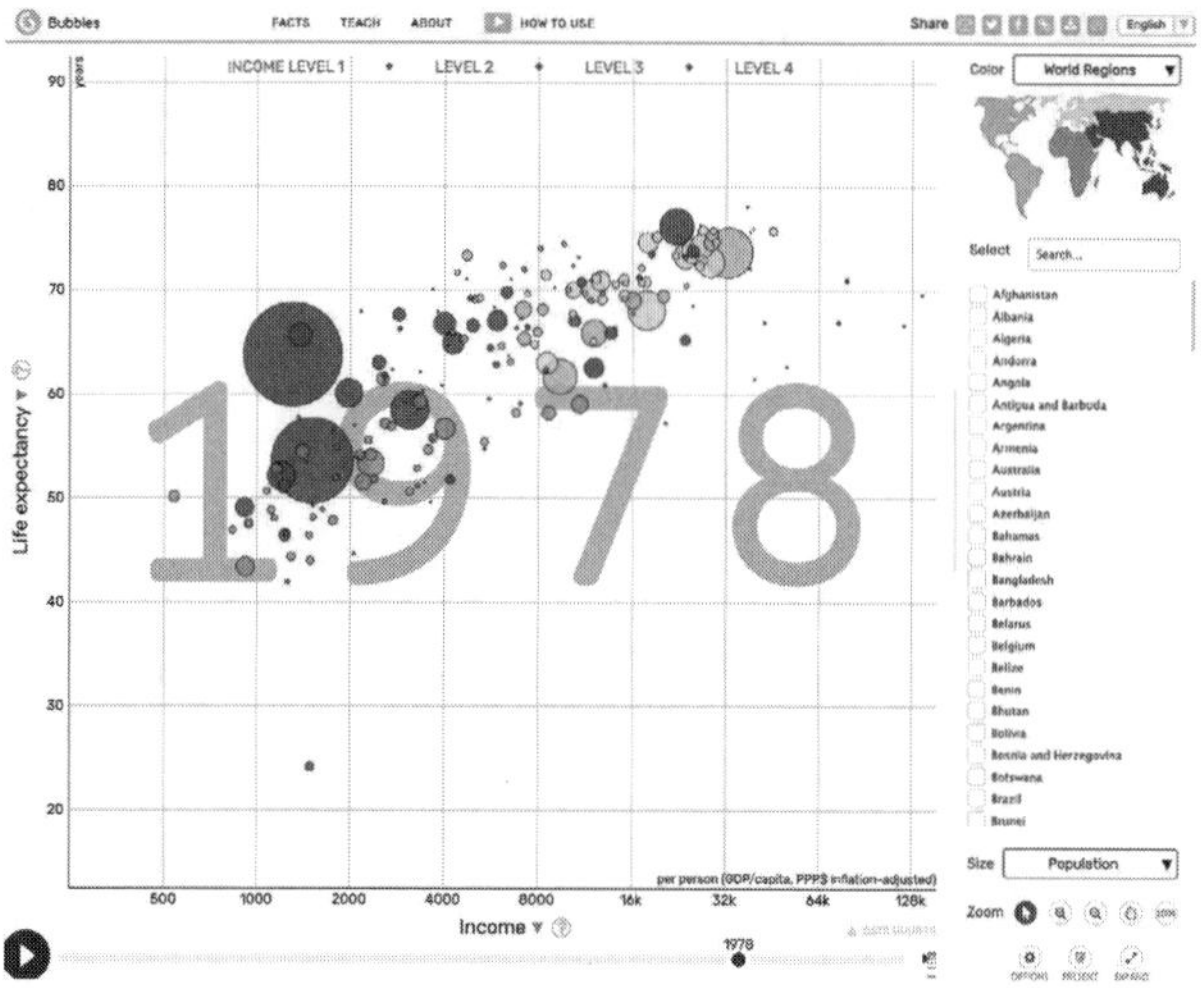

図4-13　「Gapminder」より

（2022年2月14日アクセス　https://www.gapminder.org/tools/?from=world）

初頭（なんと1800年からアニメーションが始まります）から現代に至るまで全世界の生活水準（平均余命と所得）が着実に改善されてきたこと、二度の世界大戦はアニメーションでもわかるほど生活水準に対してネガティブな影響を与えたこと、寿命や所得が最初に伸びたのは欧米（初期設定では緑色や黄色のバブルで示される）だったが現代ではアジアやアフリカ地域の国々も遜色ない水準まで上がりつつあること、などなど。表現されているデータの量が多いため、読み取れるメッセージも豊富です。

ただ正直なところ、5次元ものデータ可視化は複雑すぎて初見では理解しづらいのも事実です。ふだん私たちが見るグラフは2次元か3次元がほとんどであり、5次元もの複雑なデータ可視化になると、そのまま提示しただけではわかりにくいものです。少なくとも、ウェブサイトにこうしたアニメーションを置いておくだけでユーザーがすぐメッセージを汲み取ってくれることは期待しないほうがよいでしょう。

Gapminderの場合、ロスリングによる巧みなプレゼンテーションが普及に大きく貢献したといえます。2006年、様々な分野の第一人者がプレゼンテーションを行う動画配信プロジェクトである「TED Talks」において、ロスリングはGapminderなど数種類のツールを駆使し、『ファクトフルネス』でも展開したような発展途上国に対する先進国の人々(まさにTED Talksの視聴者です)の先入観を打ち破る解説を行っています。

軸を増やすほど表現できるデータの「深み」も増すことは確かですが、あまり煩雑になりすぎてもユーザーを遠ざける原因になってしまいます。軸の多いデータ可視化を扱う際には、解説を入れたり動画で説明したりするなど何らかのチュートリアルを設けるのも手です。

軸の考え方と地図

軸の考え方は、いわゆる「グラフ」だけでなく地図表現にも使えます。たとえば図4-

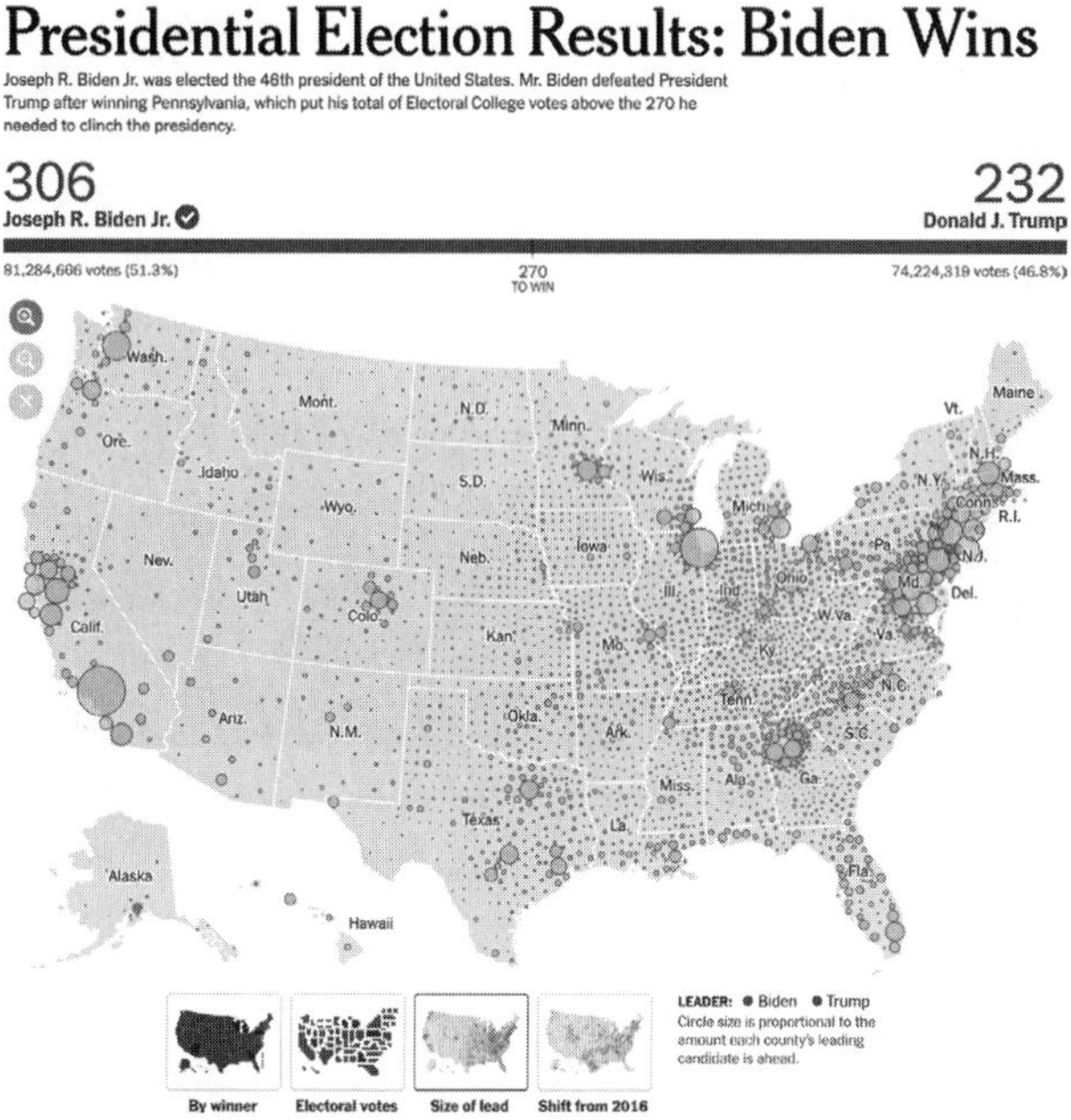

図4-14 The New York Times
"2020 Presidential Election Results: Joe Biden Wins"
(https://www.nytimes.com/interactive/2020/11/03/us/elections/results-president.html)

14は、ニューヨーク・タイムズが公開している2020年のアメリカ大統領選挙における郡ごとの選挙結果です。地図における郡（第3章でも紹介しましたが、全米に3000ほど存在する、州よりも細かい行政単位）の位置（緯度と経度）をバブルの位置で、バブルの大きさでリードの大きさを、白黒だとわかりづらいですがバブルの色で支持政党（民主党のバイデンか共和党のトランプか）を表現しています。

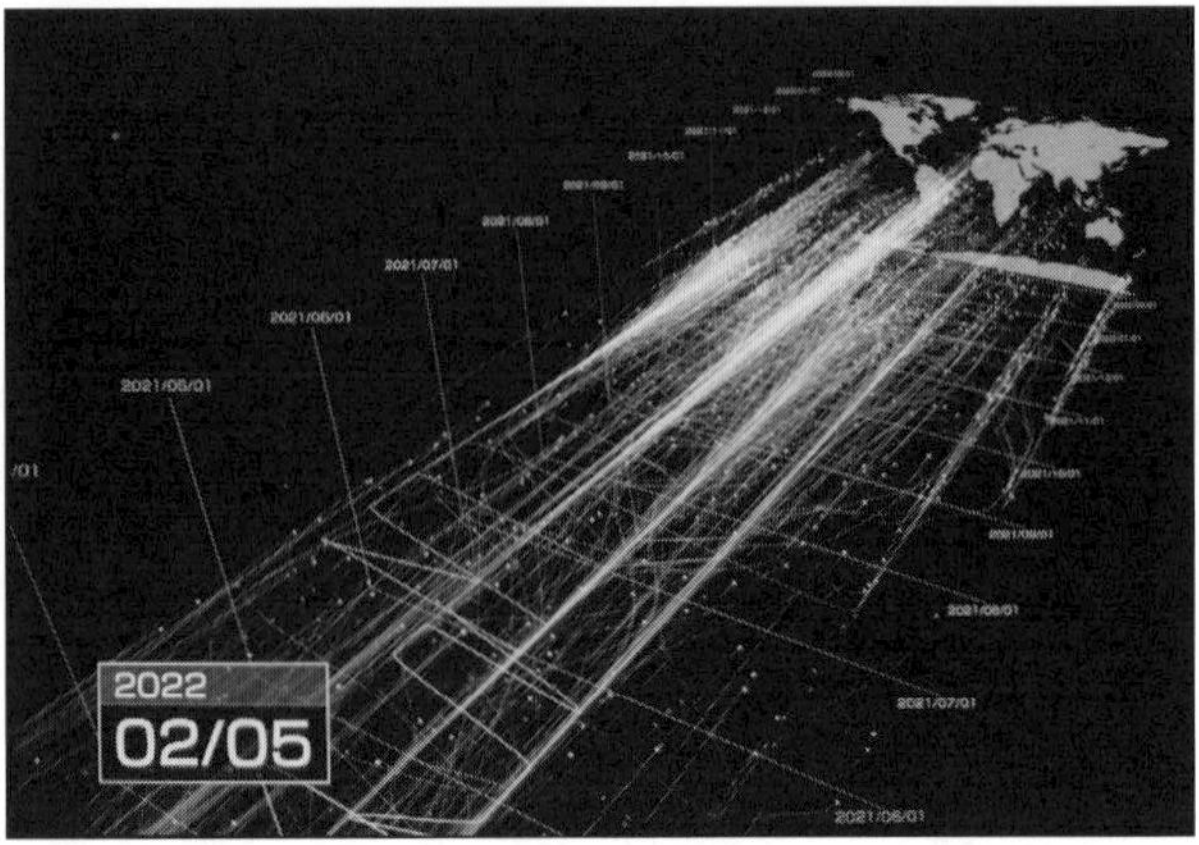

図4-15　"Time-space-based Visualization of SARS-CoV-2 Phylogeny"（2022年9月7日アクセス　https://timespacephylogeny.xyz/）

　また、慶應義塾大学大学院の山辺真幸さんと東海大学医学部の中川草准教授による「新型コロナウイルスゲノム系統樹の3次元可視化」では、新型コロナウイルスの変異の変遷（系統樹）を地図と組み合わせています。（図4－15）。

「デルタ株」「オミクロン株」など新型コロナウイルスには多くの変異株が存在します。変異株同士の進化のつながりを示した図を「系統樹」と呼びますが、この系統樹をウイルスの検出地域や時間と組み合わせて表現したものです。同じ変異株を線でつなげているため、線のつながりは時系列を示すと同時に、ある地域から他の地域に感染が伝播した可能性を示しています。

　軸に分解すると緯度を縦軸、経度を横

軸、時間を奥行き、変異株の種類を色で表現しています。また、同じ変異株を線でつなげたりと、多くの情報が詰め込まれています。

プロジェクトのウェブサイトでは、さらに時系列に沿って動くアニメーション動画や解説が公開されています。これによって、同じ「新型コロナウイルス」であっても変異株によって感染の地域的な移り変わりが異なることがわかります。

このように、報道やアートの第一線で使われている複雑なビジュアルであっても、ひとつずつの軸に分解していけば構造や表現手法を再現できます。複雑なデータセットを可視化する際には「何から手をつければよいか」途方に暮れてしまいますが、まずはシンプルな軸に分解することでデータの構造を理解することができます。

軸の応用：ネットワークを表すデータ構造

ここまで、データの軸から可視化を考える方法を解説してきました。やや応用的なデータ構造に、ネットワーク（関係性）を示すデータがあります。

たとえば国同士の貿易に関するデータの場合、データ構造は「ある国と国の間で輸出・輸入が行われた金額」が基本となります。財務省「貿易統計」によると、2021年11月において日本からの輸出額が最も多かった国は中国で1・6兆円、2番目はアメリカで

1・3兆円でした。もっと細かく見ていくなら、品目別であったり、時系列であったり、あるいは詳しい地域であったりと、色々なカテゴリーに分けることができるでしょう。その場合も「国と国の間の輸出入の金額」という基本構造は変わりません。

この基本構造を少し抽象的に考えると「ある主体と主体の関係性」に関するデータであるといえます。主体Aと主体Bの間には100の数値で表せる関係があり、AとCは50、BとDは70、CとEは120……などと関係は無数に広がっていきます。

このようなネットワークを数学的に捉えた理論を「グラフ理論」と呼びます（紛らわしいですが、棒グラフや折れ線グラフの「グラフ」とは別物だと考えてください）。グラフ理論において、それぞれの主体は「ノード」、関係性を示す線は「エッジ」と呼ばれます。なお輸入・輸出のように、エッジの方向が分けられるものを「有向グラフ」、そうでないものを「無向グラフ」と呼びます（図4－16）。

これはグラフネットワークを簡単に示した例です。たとえば友人関係だとすると、「1」の人は「2」「3」と友人であり、「2」はやはり「3」と友人関係にあり、といった形で人のネットワークがつながっています。対人関係の分析は、ネットワーク構造が最も力を発揮する分野のひとつです。「自分の知人関係を知人、そのまた知人……とたどっていくと、6番目の知人に到達するころには地球上のすべての人がカバーされる」という、いわ

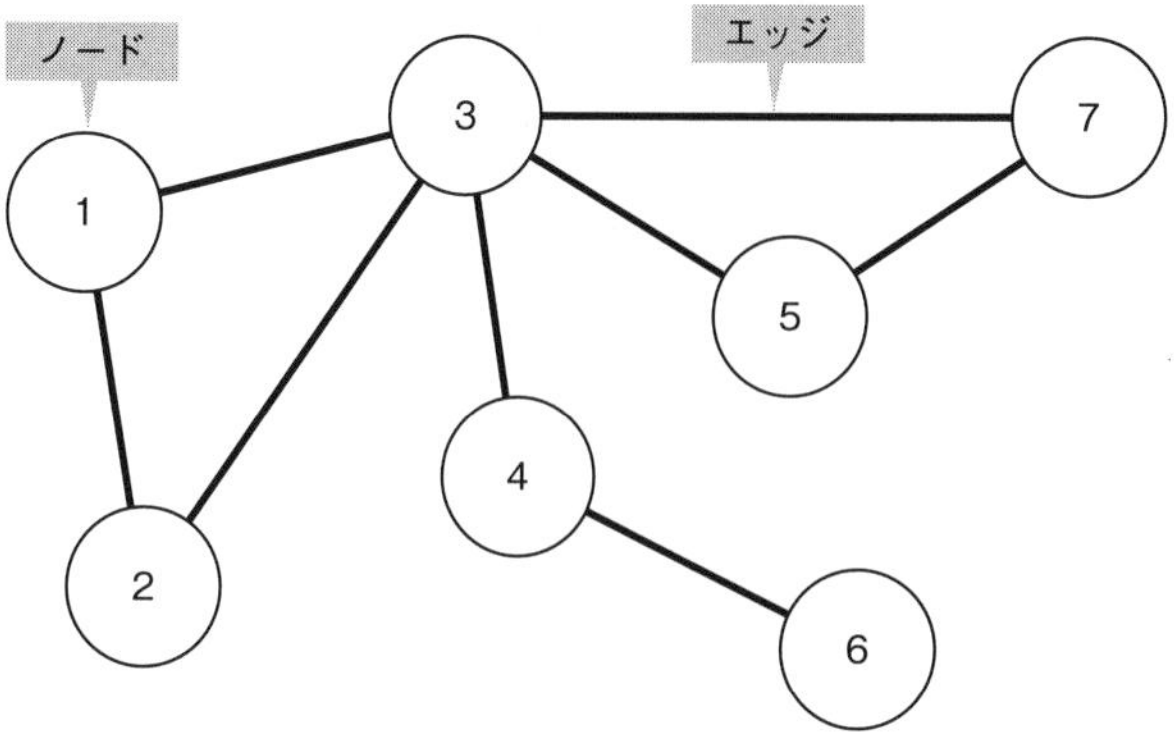

図4-16　グラフネットワーク（無向グラフ）の一例

ゆる「6次の隔たり」という言葉を聞いたことがあるかもしれません。

ビジネスにおいても、ネットワーク構造は存在します。一例を挙げると、東日本大震災の直後、東京電力に対する莫大な賠償請求などが取り沙汰されるようになり、同社の株価は大幅に下落しました。ちょうど決算の直前だったこともあり、東電の株式を数多く保有していた企業が3月末の決算で特別損失を計上したというニュースを目にしました。

それらのニュースでは東電自身の経営だけでなく、東電の株式を持っている企業、あるいは東電が株式を保有している関連会社などの経営にも深刻な影響があるのではないか、と考察されていました。当時、ちょうど私自身が仕事で日本の上場会社の株主に関するデータを扱っていたこともあり、企業間の株式保有関係を描写するのにネットワーク構造が使えないかと考えました。しかし当然ながら「株式の保有関係を可視化するツール」など存在しないため、バイオインフォマティクス（情報生物学）の分野で使われていた「Cytoscape（サイトスケープ）」と呼ばれるソフトウェアを使うことにしました。サイトスケープはカリフォルニア大学サンディエゴ校（ＵＣＳＤ）の研究者らによって開発・運営されているオープンソース（ソースコードが公開されており、誰でも自由に使える）のツールです。

元々は分子や遺伝子の構造などを可視化・解析するためのソフトでしたが、ネットワーク構造の分析は他のさまざまな分野でも応用可能なことから、先に挙げたような人間関係のデータなどにも応用され、今ではネットワーク構造のデータを扱う際に広く使われるソフトウェアとなっています。株式保有も分子構造も、ノードとエッジの組み合わせという点では同じデータ構造です。これはデータ可視化に使えると考えて、株式保有のネットワークをサイトスケープで分析・可視化して記事にしました（図４－17）。

私が２０１２年に初めてデータ可視化を使って記事を書いたのがこの記事でした。マイナーなトピックなのでページビューは鳴かず飛ばずでしたが、直後にスタンフォード大学やニューヨーク大学の教授から「面白いデータなので英訳してくれないか」と依頼があり、データ可視化の可能性を感じたことを覚えています。

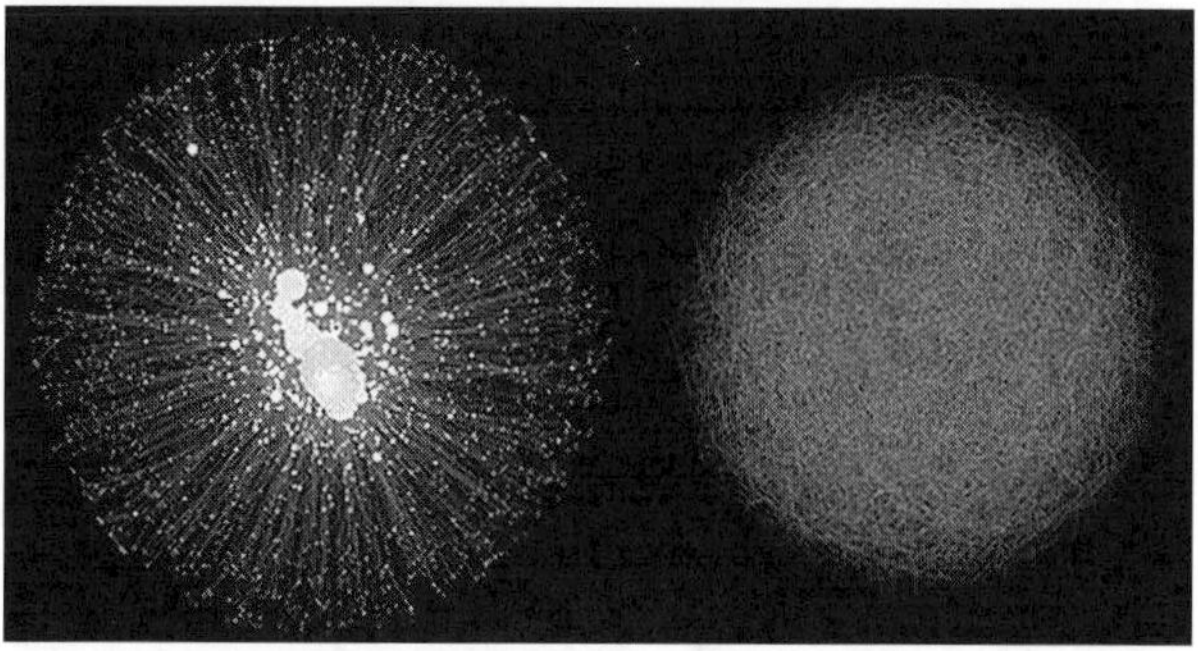

図4-17　東洋経済オンライン「グラフ理論で解析する株式持ち合いネットワーク、市場の危機が波及しやすい理由」より
（2022年1月26日アクセス　https://toyokeizai.net/articles/-/9013）

　これ以外にも、企業間の取引などにネットワーク構造が使われることがあります。それぞれの企業をノード、取引額をエッジと見立てれば、まさにネットワークの要領で可視化が可能になります。たとえば企業の取引データを多く保有している帝国データバンクは、デザイン会社と共同で企業取引データを可視化するウェブサイト「ＬＥＤＩＸ（レディックス）」を２０１８年に公開しています。ＬＥＤＩＸでは企業の経済活動による地域への貢献をテーマとしているため、可視化の際にはシンプルなネットワーク図だけでなく地図とオーバーラップさせた見せ方をしています。
　ネットワーク構造のデータは他にも「フィクション作品における登場人物の関係」「映画の共演者関係」など、さまざまなケースで応用できます（どちらも私が実際に見たことのある事例です）。世の中で公開されているデータは本当に色々な種類がありますが、似たようなデータ構造をしている例が少なくありません。データ可視化において「見せ方」を決めあぐねる際は、構造から「似たデータ」を探して、応用できそうな事例を探してみるのもよいでしょう。

第４章のまとめ

1）データを視覚表現に置き換える際はデータの次元＝「軸」を意識する。複雑な構造のデータでも、ひとつひとつの軸に分解することで整理された可視化に変換することができる。

2）軸を意識することで見慣れたデータでも新鮮な見方を提供できる。特に「平均値」など集計されたデータは、あえて集計せず軸を増やすことで効果的な見せ方ができることも。

3）軸の考え方は複雑なデータ可視化にも広く適用できる。地図やネットワーク構造のデータも分解すれば軸に置き換えることが可能。

第5章　データをデザインする

ここまでデータを読み解き、編集するという一連の流れを解説してきました。これでどんなデータであっても中身を読み込み、適切な可視化表現に落とし込む準備ができたはずです。ここからは、今までの基礎編に対して応用編です。国内外の実例や私が遭遇した厄介なケースなど、実際のデータを多く紹介していきます。

まずこの第5章では、データ可視化のデザインについて解説します。データ可視化におけるデザインの原則や考え方についても解説しま
す。データ可視化のデザインについては類書や関連記事が多く公開されています。それらは「配色のコツ」や「エクセルでグラフの色を変える方法」など「すぐに使える」要素にフォーカスしたものが多いですが、今回はみなさんが使うソフトや状況が変わっても出来るだけ幅広く通じるような考え方・原則をお伝えします。

意味を踏まえたデザインをする

データ可視化において、デザインは欠かすことのできない要素です。世間で話題になるデータ可視化は美麗なグラフィックを駆使した作品も多いため、「データ可視化とはグラフを飾りつけることだ」と考える方も少なくありません。一方で、過剰な装飾はかえってデータを見づらくすることもあり、「データ可視化にデザインは不要、データを可能な限りそのまま表現するのがよい」と断言する人もいます。

私はどちらでもなく、**「必然性のあるデザインをする」**のが重要だと考えています。単なる装飾ではなく、データの内容や意味を踏まえた上で、データから得られる知見を最大化するためにデザインを行うという趣旨です。

本書の「はじめに」でも言及した例ですが、新型コロナの感染者数を表現するときには、その日の新規感染者数に直近7日間の平均値を付加することがあります。

図5－1は2022年の6月から10月における日本全国の新型コロナ感染者数を示したものです。上が実際の数のみで表されたもの、下が実数の色を薄くして折れ線で移動平均を付け加えたものです。移動平均とは、日別の「ブレ」をならして中長期的な傾向を読み取るために、経済や金融関連のデータでよく使われる表現です。

あらためて解説すると、新型コロナの新規感染者数は「その日に感染した人の数」ではなく「その日に感染が報告された数」です。そのため、医療機関や保健所が休日で検査・報告などを行っていない場合、本来なら休日に報告されるはずだった数が翌営業日にずれこむことがあります。日本でも、医療機関が休む土日祝日の翌営業日（通常なら月曜日）には報告される感染者数が少なくなる傾向があります。このブレをならすために7日間平均が使われます。

日別の感染者数だけを見て一喜一憂するよりも、7日間平均を見続ける方が直近の実態

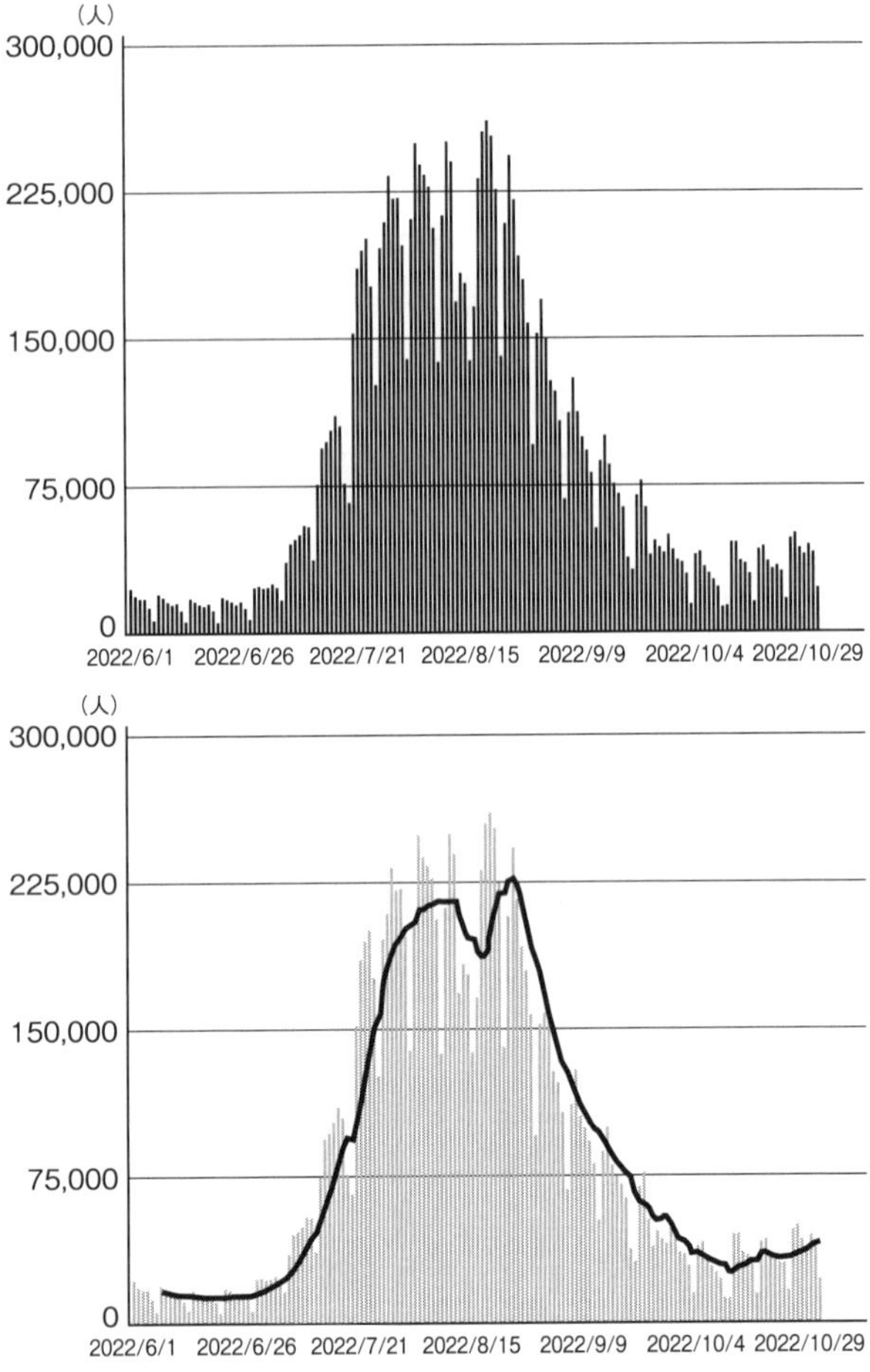

図5-1　新型コロナウイルス検査陽性者数のグラフ。
上が実数のみ、下が移動平均を強調したもの
（データ：厚生労働省「データからわかる－新型コロナウイルス感染症情報－」）

をより正確に反映していると言えます。実際、日本でも海外でも大手のメディアでは新規感染者数のグラフに移動平均を描いている例が少なくありません。

これはデータの数字だけ見ていては出てこない発想です。データを可視化する際には、数字の裏側にある意味や文脈も踏まえて考える必要があります。

これを私はよく翻訳作業にたとえています。翻訳では常に直訳が採用されるとは限りません。コロンビア大学名誉教授だったドナルド・キーンは、太宰治『斜陽』を訳す際に「白い足袋」という語を「白い手袋（white gloves）」と訳しました。直訳の考え方でいえば、足袋は英語圏における靴下（white socks）が最も近いでしょうから、手袋は言うなれば「誤訳」です。しかし「白い足袋」を穿いた人物の社会的地位や潔癖なところのある人物像など、小道具が暗示する要素も含めた結果、このような翻訳になったと言われています。

データ可視化も、ある意味では複雑で理解しにくいデータから直感的に理解できる視覚表現への「翻訳」です。ごく限られた専門家しか理解できないデータという言語を、多くの人が読める日本語や英語に翻訳することがデータ可視化です。したがって翻訳と同様に、数値をそのままグラフに変換するだけではなく、時には元のデータを一部削ったり、あるいは「補助線」として別のデータを付加する方がデータの本質を理解できる場合があります。

集計よりも可視化で表現する

データ可視化をデザインする際に重要な考え方の1つ目は、**「できるだけデータの情報量を落とさない」**ことです。平均値を取る、分類をまとめる、人口など単位あたりの数に平準化する、といった集計処理は複雑なデータを整理するのに便利ですが、一方でデータの持つ微妙なニュアンスとでも呼ぶべき傾向や分布が見えにくくなります。

平均処理を例に挙げます。マーケティングにおいて、地域の年齢や性別といった人口動態（デモグラフィック）を考えることは多いでしょう。住んでいる人のデモグラフィックによって売れるものの傾向はまるで違うはずです。さて、図5－2のような年齢構成の町が2つあると考えてください。Aの町もBの町も、平均年齢は同じ20歳ですが、その人口構成はまったく異なります。

左側のグラフを見ると、Aの町は住民の年齢が20歳前後に集中していることがわかります。大学の近くで学生が多く住んでいたり、あるいは高校を卒業して働きはじめの若者が多い町かもしれません。一方でBの町は平均年齢こそ同じですが、年齢は5歳前後と35歳前後が突出しています。小さな子どもを持つ家族が多く住んでいる町であることが推測できます。この2つの町ではおそらくレストランもファッションも販売傾向がまったく違う

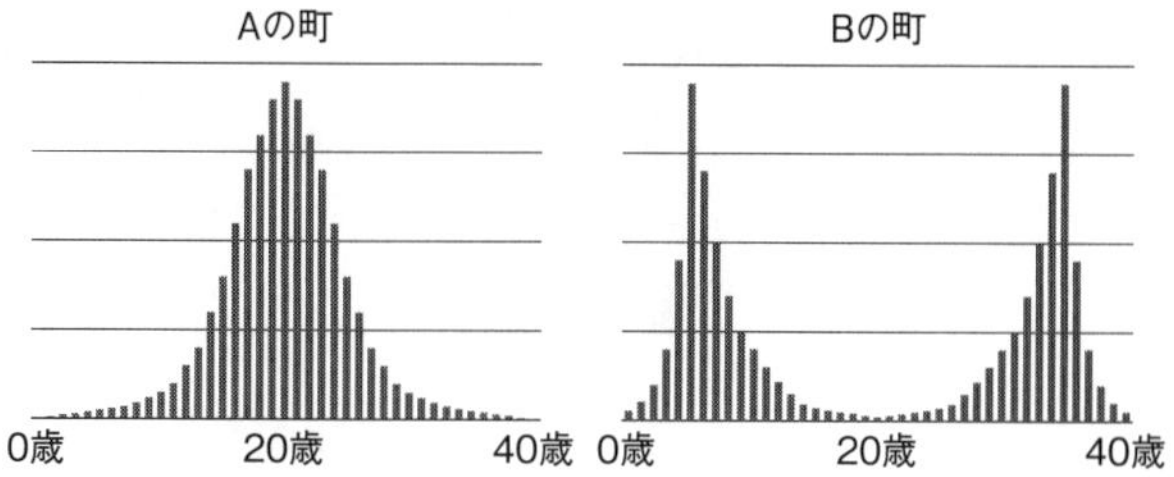

図5-2　Aの町もBの町も平均年齢は同じ

でしょう。

もうひとつ、可視化で表現する方がわかりやすい例が「人口あたり」の数です。たとえば新型コロナは年齢によって抵抗力や致死率が大きく異なることが知られており、年齢（正確には10歳刻みの年代）別に感染状況データを見ることがあります。

年代別の数字を見る際には、各年代で異なる人口も踏まえる必要があります。これを簡易に計算した「各年代の10万人あたり感染者数」といった指標を見たことがあるかもしれません。

たしかに年代別の感染者数を母数である年代別人口で均《なら》せば、各年代の人口にかかわらず感染の「割合」が算出できます。しかし、割合だけを提示しても実数はわかりません。ユーザーが各年代の人口を把握しているとは限らず、「30代においては感染者が10万人あたり500人」と言われたとき、頭の中ですぐ実数に直せる人はごく稀です。そうなると、

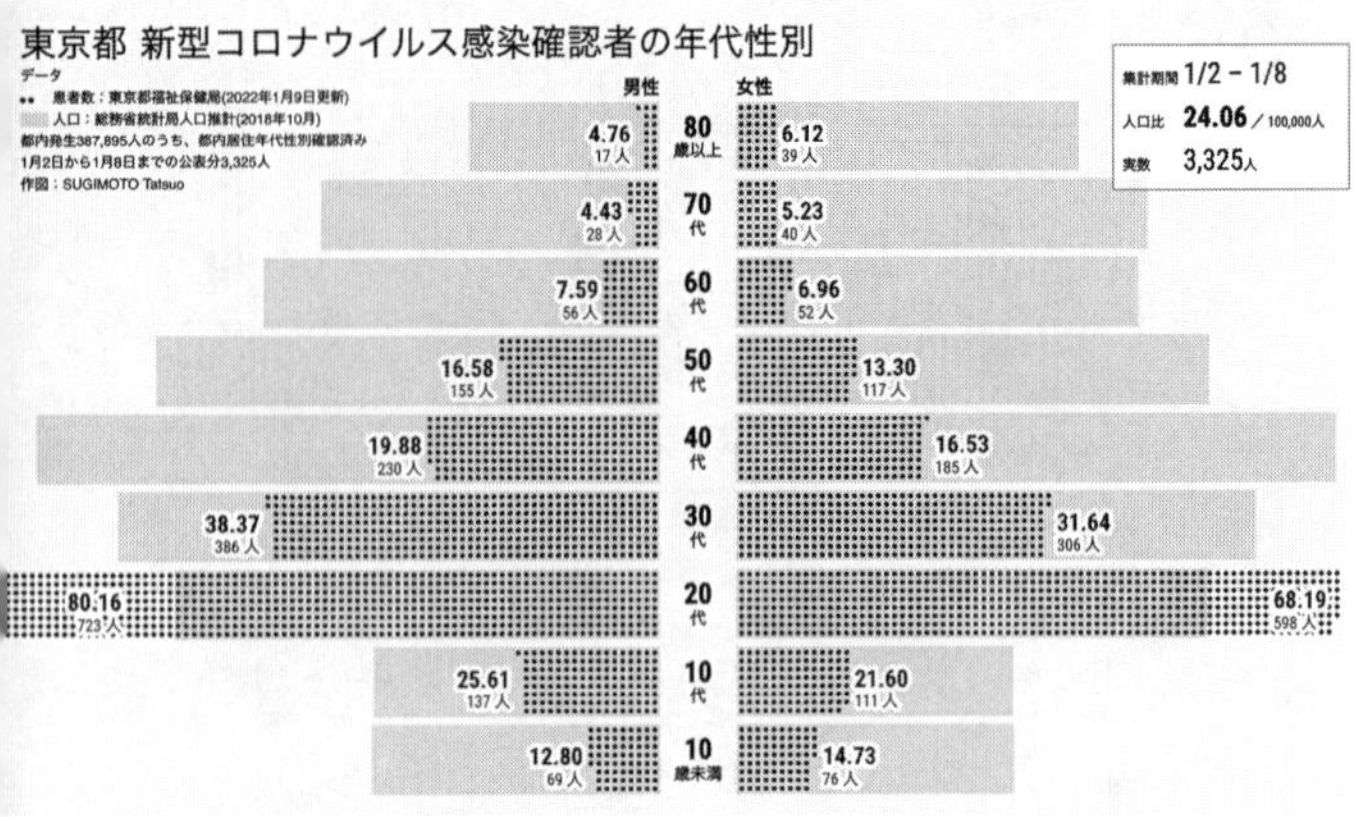

図5-3　東京都　新型コロナウイルス感染確認者の年代性別

（作成：東京都立大学・杉本達應准教授）

「人口あたり感染者数は20代が最も多い」と言われた際に「人口が少ないため」か、それとも「実数が多いため」か、混乱する恐れがあります。

この点を可視化で解決している事例が、東京都立大学の杉本達應准教授が作ったインフォグラフィックです（図5－3）。

これは東京都の新型コロナウイルス感染者を年代・性別に示したものです。10歳未満から80歳以上までの各年代における感染者をドットで、その「母数」となる全体の人口を薄い色の棒グラフで表現しています。

ここで特筆すべきは、各年代で「人口あたり」の数値をあえて計算せず、感染者と該当人口の双方をグラフィックで表現している点です。これによって、インフォグラフィックを見る人に「実際の感染者の分布」と「人口と比べた多寡」を同時に伝えることができます。また、このグラフィックで重要な情報は感染者数であるため、視覚的にも人口のデータは薄く表示して「補足的な情報であること」を示唆しています。

「人口あたり」「時間あたり」といった集計処理によるデータの表現は多数のデータをかいつまんで把握したいときに便利なものですが、詳細な傾向や分布が見えにくくなる「副作用」があります。集計に頼るのではなく、可視化を工夫することで提示する情報の濃淡をつけることによって「シンプルなメッセージの提示」と「背景情報の提示」を両立させることができます。

データに「補助線」を引く

データをデザインするときに重要な考え方の2つ目は**「比較」を活用する**ことです。データは必ずしも単体で意味を読み取れるとは限りません。

たとえば、「営業部の鈴木さんは毎月１００件の受注を取る」だけでは意味がよくわかりませんが、「その会社の平均的な営業担当が取れる受注は50件」という情報が付されれば、鈴木さんのすごさがわかるでしょう。数字は別の数字を組み合わせたり、何らかのわかりやすい基準を設定したりすることで意味が取りやすくなります。これを私は**「データに補**

助線を引く」と表現しています。

この「補助線」を使った事例をひとつご紹介します。従来、日本の高校野球において、投手が短期間にあまりにも多くの投球を行い、その結果として肘や肩を故障する「投球過多」の問題が指摘されてきました。プロ野球と異なり、部員数が限られる高校野球では投手の代わりがおらず、1人の選手がすべての試合でマウンドに立つこともあるためです。

投球過多の問題は昔から言われてきたことであるため、高校野球のファンなら聞いたことがあるかもしれません。2019年には、肘を酷使して腱や靱帯を損傷したときに受ける「トミー・ジョン手術」の患者のうち4割が高校生以下であることが話題となりました。

このような状況を受けて、私が高校野球の投球過多に関するインフォグラフィックを作ろうと考えたのが同年夏のことです。先に書いた通り、高校野球における投球過多は徐々に社会問題として認識されつつあったものの、その問題を強く意識しているのはこれまでの経緯を把握している高校野球ファンが中心でした。そして、その高校野球ファンの中には「限界を超えて頑張った」ことを美談として捉える向きがあり、社会的なコンセンサスが取れているとは言い難い状況でした。そこで、データとグラフィックを使って高校野球にふだん馴染みがない読者にも広く伝えることができれば、社会的な意義が出るだろうと考えました。

ここで問題となるのが「どう伝えるか」です。たとえば２０１８年に「金農旋風《かなのう》」と呼ばれて話題になった秋田県代表・金足農業高校の吉田輝星投手は、ほぼ１人で地方大会と本大会を投げ抜きました（決勝の途中で交代）。具体的に数字に表すと、本大会では８８１球、地方大会を合わせると１５１７球です。この数字だけでは、おそらく野球に馴染みのない読者には伝わらないでしょう。

「２０１８年の金足農業高校・吉田輝星選手は８８１球、２００６年の早稲田実業・斎藤佑樹選手は９４８球」といった投球数のシンプルなまとめは他のメディアもすでに行っていました。関連語句で検索すると、雑誌記事のランキングがすぐにヒットします。しかし、そうした画像がＳＮＳで広くシェアされていないことからも、数字を羅列するだけでは広く社会に響かないことが想像されました。

数字を羅列するだけでは伝わらない、では何が必要か？　次に考えたのは、比較対象を設定することで重大さを知ってもらうことでした。

まず最初に考えたのは、日本のプロ野球と比較することです。プロ野球の選手は何年にもわたる活躍を期待されていますし、どのチームも控えの投手がいるため、きっと投手に無理をさせない仕組みが整っているだろうと考えました。しかし投球数や登板間隔などの数字を見ていくうちに、両者の比較が難しいことがわかってきました。そもそも春夏で２

つのトーナメント制大会をベースとする高校野球と、リーグ戦をベースとするプロ野球では試合の間隔や期間がまったく違います。これらを無視して投球数といった数字だけ比較することは、むしろ誤解を招くと感じました。

さらに調べていくうちに、アメリカには「ピッチ・スマート（Pitch Smart）」と呼ばれる青少年向けの投球ガイドラインが存在することを知りました。まさに日本で問題になっている投球過多による故障などを防ぐためのガイドラインであり、「投球前は必ず適切なウォームアップを行う」「同じ日に複数の試合で投球してはいけない」といったルールが年齢別に細かく整理されていました。

この中から投球数に関する定量的なルールを2つ抜き出し、甲子園投手たちの投球数にあてはめることにしました。具体的には1日あたりの投球数制限と、投球数ごとの休養日です（余談ですが、これらのデータを出すためには投手の試合日程と試合ごとの投球数を知る必要があり、データの収集になかなか時間がかかりました）。

図5－4はそのグラフィックです。

タイトルの通り、甲子園の投手がどれだけ過剰な投球をしているかを示したインフォグラフィックです。2000年以降の甲子園（春・夏）において合計の投球数が多かった投手を10名抽出し、その投球数をボールに見立てた円の数で表現しています。全体の投球数の

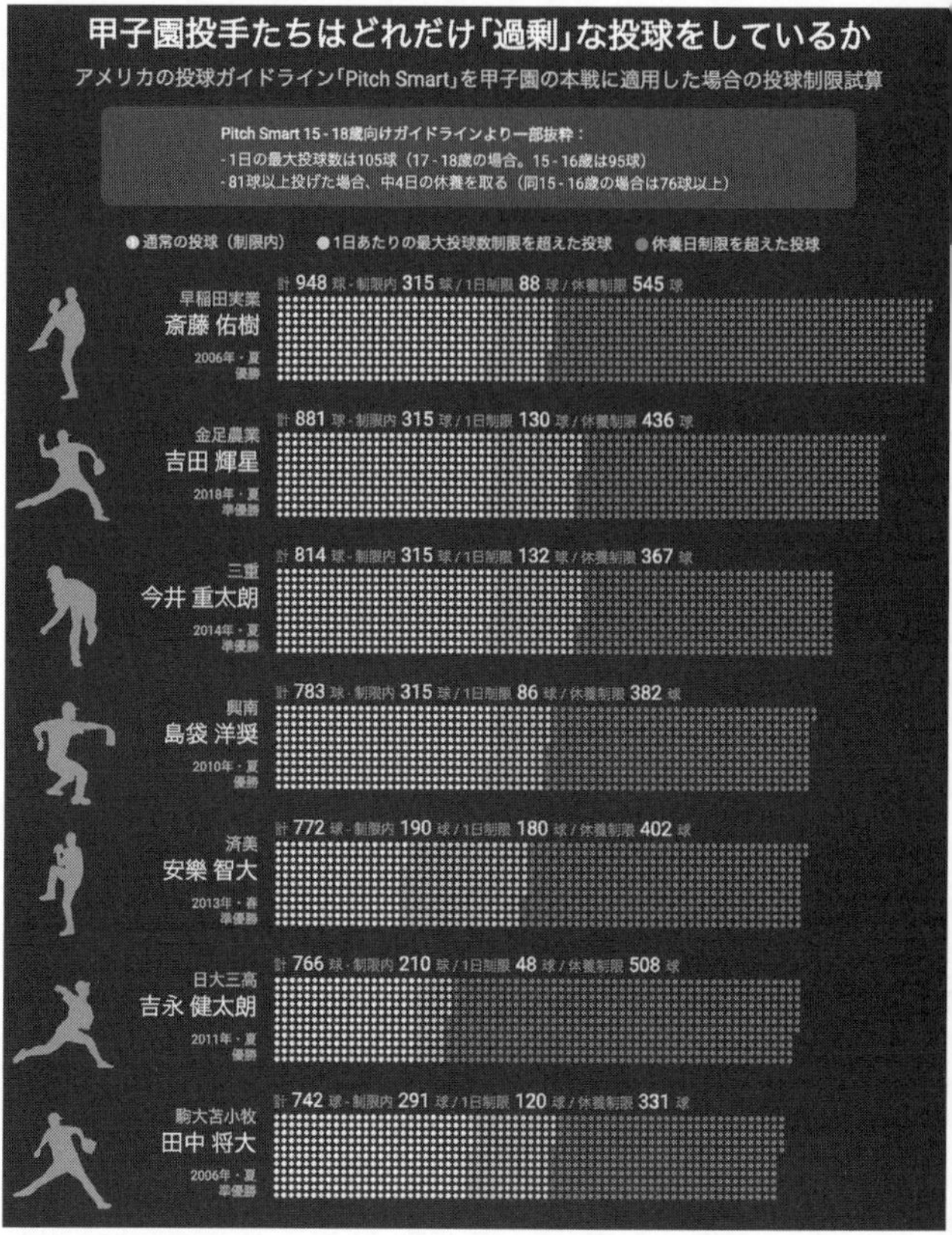

図5-4　東洋経済オンライン
「甲子園投手たちはどれだけ『過剰』な投球をしているか」より

うち、ピッチ・スマートの休養日制限に抵触する投球は右側の赤、1日あたりの投球数制限に抵触する投球は中央の黄色で表現しています。つまり、色がついている投球はピッチ・スマートを適用していたらガイドライン違反で投げられなかったと言えます（モノクロだと色の違いが分かりづらいので、カラー版をご確認されたい方は https://toyokeizai.net/sp/visual/tko/overpitching/ をご覧ください）。

これを見ると、予想通り多くの投球がピッチ・スマートの制限に違反することがわかります。本大会における投球のうち、実に3分の2以上がガイドライン違反となる選手もいました。特に大きかったのが休養日制限です。今回のインフォグラフィックでは1日あたりの投球数制限、休養日制限と、どちらに抵触したかを色で分けていますが、全体のうち多くが休養日制限によるものだとわかります（両方に引っかかるものは休養日制限の色で統一しています）。

ここには甲子園の大会日程が関係しています。甲子園はトーナメント制です。大会の序盤は参加チーム数も多いため、試合から次の試合までが数日から1週間空くこともあり、投手は十分な休養を確保することができます。しかし後半はチーム数が少なくなり、試合のスケジュールも過密になります。たとえば先に挙げた金足農業の吉田輝星投手の場合、2018年8月17日から21日までのわずか5日間で、3回戦から決勝まで4試合に登板しています。この間の投球数は570球です。

その後、有識者会議の議論も経て、2020年には初めて高校野球における投球制限が設けられることになりました。

なお図5－4の結果は本大会に限り、またピッチ・スマートのルールの中でも2つだけをもとにしたものです。たとえば地方大会を計算対象に含めたり、「12ヵ月以内に100イニングを超える投球を行わない」といった他のルールもあわせて考えると、本来なら休養すべきシーンがもっと増えるかもしれません。

伝えようとしている題材について、ユーザーが必ずしも数字の「相場感」を持っているとは限りません。単独の数字だけを提示した場合では文脈や重要さがわからないものであっても、比較対象や基準といった補助線を引くことで意味を持たせることができます。

シンプルなデザインの罠

データ可視化を作る際にはシンプルなデザインがよいとよく言われます。私自身も部屋のインテリアやファッションはシンプルが好みなので気持ちはよくわかりますが、データ可視化において「シンプルなデザイン」はかなり難易度が高いのが現実です。

シンプルなデザインを採用する最大のリスクは、シンプルを通り越して「手抜き」「殺風景」という印象を与えてしまうことです。そもそもデータは無味乾燥なイメージを持たれやすく、何も考えずシンプルに可視化を作るとその無機質さが際立ちます。大抵の人にとって、データを読む行為は退屈で苦痛なものです。「可視化すればわかりやすい」といっても、派手な広告や華美な映像に慣れた私たちの目には、単純なグラフの集まりはシンプルを通り越して無機質に映ります。

また、シンプルなデザインが必ずしもデータの内容を伝えるのに最適ではないことも実証されています。２０１０年、カナダのニューブランズウィック大学の研究者らは図表における装飾が内容の理解や記憶に与える影響について調査しました。図５－５のように、まったく同じデータをシンプルな図表で表現した形（論文ではミニマリスト・アプローチと呼ばれています）と視覚的な装飾を施した形でそれぞれ提示し、理解の正確さや中期的な記憶（2～3週間後）の関連について検証したものです。

実験の結果、シンプルなグラフと装飾を施したグラフの理解度は同程度であり、中期的には装飾を施した方が内容をよく記憶されていることが明らかになりました。もちろん、すべての図表をこのように装飾することはお勧めしません。ただ少なくとも、視覚的な装飾は決してユーザーを楽しませる「飾り」の役割だけでなく、内容を伝えるにあたってプラスの役割を果たす場合があることは注目すべき点です。

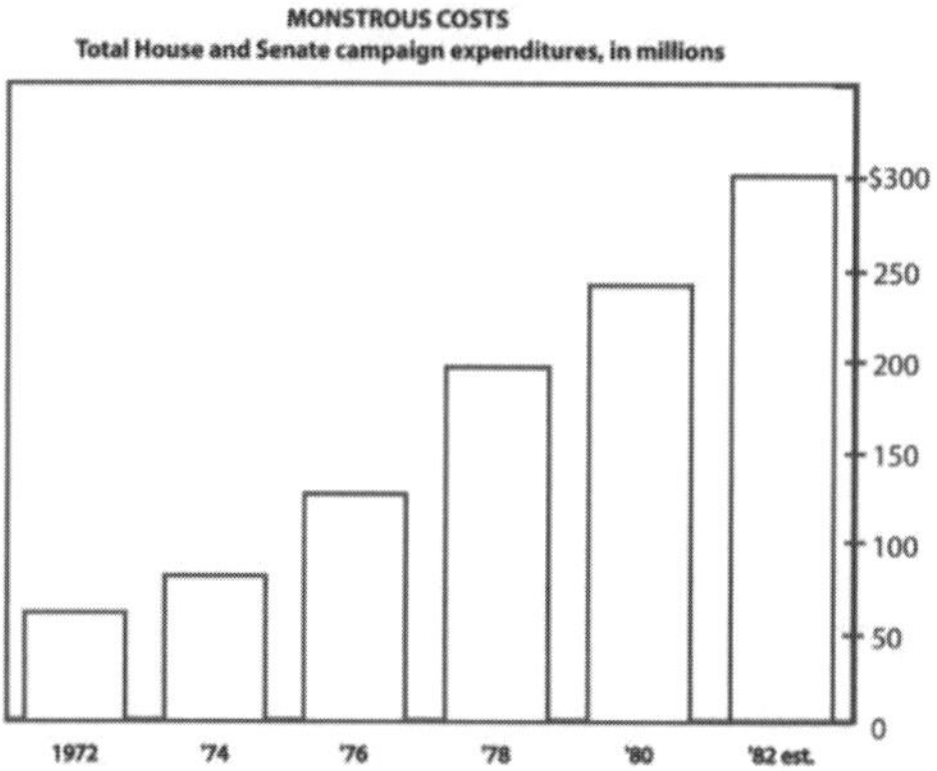

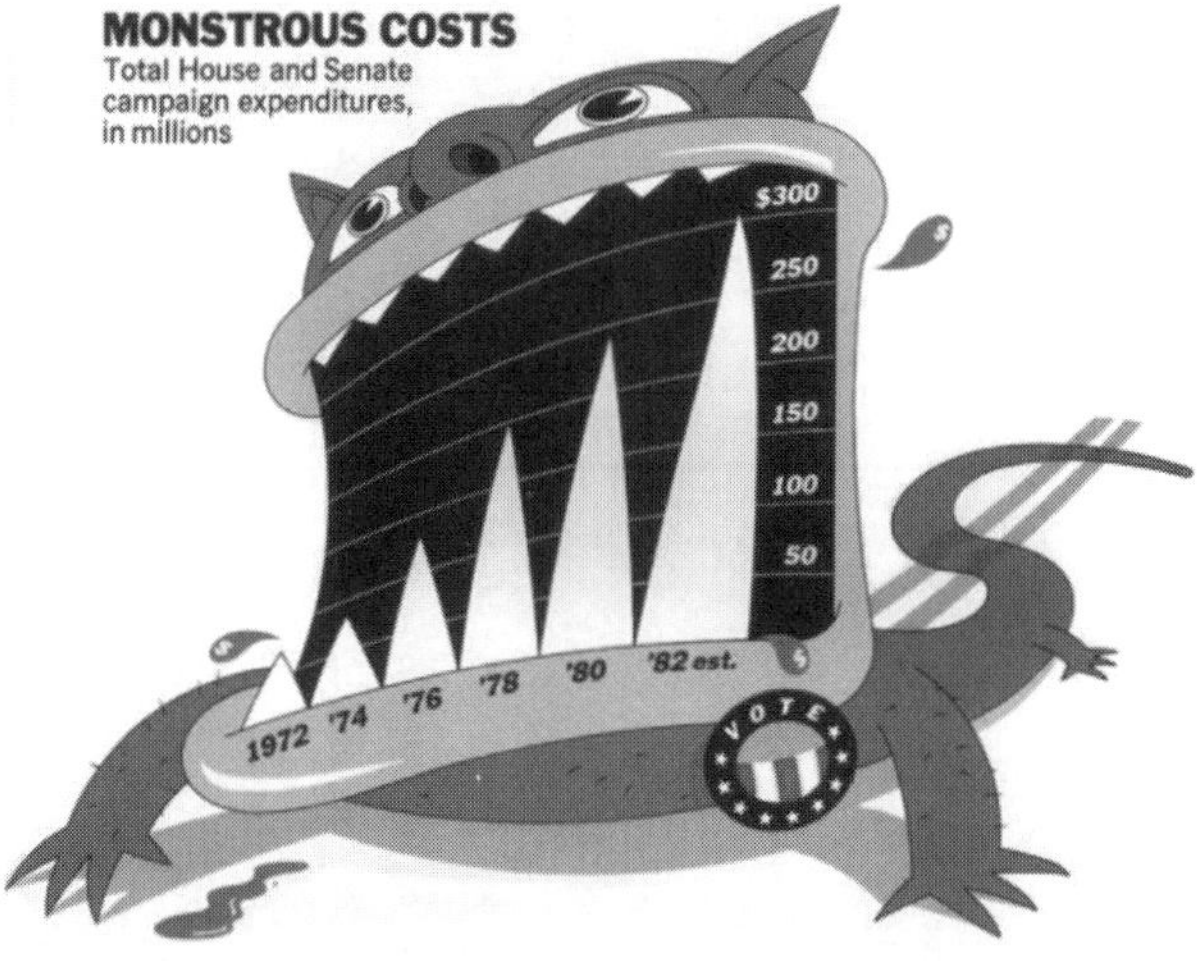

図5-5　シンプルなグラフ（上）と装飾されたグラフ（下）

Bateman, et al. (2010). Useful Junk? The effects of visual embellishment on comprehension and memorability of charts. Conference on Human Factors in Computing Systems - Proceedings. 4. 2573-2582. 10.1145/1753326.1753716.

シンプルなデザインに関してもう一つ留意すべき点は、「単調さを感じさせないシンプル」はむしろ派手なデザインよりも手間がかかることです。

以前、あるグラフィックデザイナーの方と名刺を交換したのですが、その名刺は線も装飾も一切入れず、名前やメールアドレスなどの文字だけで構成されていました。とてもシンプルでわかりやすいデザインだと感じましたが、帰宅してよくよく眺めてみると、文字の配置や大きさのバランス、カーニング（文字と文字の間隔を調整する処理）などが至るところに施されており、手間をかけて「シンプルに見える」ようにデザインされていることがわかりました。これが本当に文字を入力しただけなら、きっとシンプルというより殺風景・手抜きの印象を与えたでしょう。

似た例として、アップルの商品紹介ウェブサイトは白を基調としたシンプルな作りに見えますが、ソースコードを見ると、文字間や行間の余白が1ミリ以下の水準で調整されていたりと、非常に細かな処理が行われていることがわかります。「デザインに力を入れること」は必ずしも「装飾をたくさん入れること」を意味しないのです。

機械的に揃っている状態と、人が目で見て揃っていると感じる状態は異なります。たとえばプレゼンテーションなどで画面の中心に文字を表示したいとき、機械的に中心に配置すると、視覚的には「やや下」に見える場合があります。これは「上方距離過大錯視」と

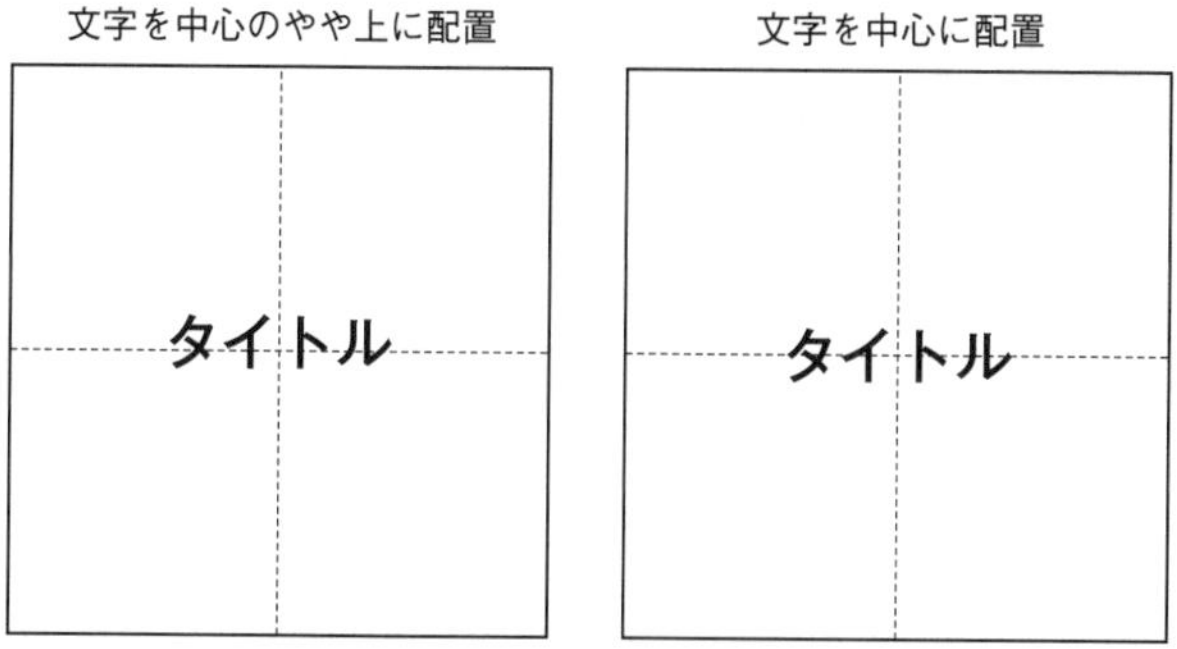

図5-6　文字を枠の中心やや上、および中心に配置したとき

呼ばれ、視野の上にあるものが大きく見える錯視の一種です(図5－6)。

　この場合は画像左側のように「やや上」に配置する方がバランスよく見えます。私がデザインするときも、もちろん一定の配色理論やテンプレートなども活用しますが、最終的には目で見て微調整を行います。最も見やすくわかりやすい配色や余白のバランスは、データの分布によっても変わります。データ量が少ないときと多いときでは配色バランスが変わるため、実際のデータを流し込まないと配色は決まりません。人が見てバランスよいものにするためには、手作業で細かな部分をチューニングすることが不可欠です。

テキストに気を配る

　データ可視化は基本的に「数字」を扱う行為ですが、同時にタイトル、解説、あるいは軸のラベルといった文字列すなわちテキストにも気を配る必要があります。私も経験がありますが、データの処理や描画で気力と体力を使い果たしてしまい、タイトルや解説まで気を配ることができなかった……という経験を持つ方もいるかもしれません。データとの格闘で手一杯になると、テキストにまで目が向きにくいのが現実です。

データ可視化において最も重要なテキストはタイトルです。タイトルに求められることは、「データから読み取れるメッセージを伝えること」と「データの要約をすること」です。たとえばメッセージは「営業利益率が急上昇」、要約は「2021年におけるA社の売上高・営業利益益率の推移」といった具合です。

日本の報道記事では、伝えたいメッセージをメインタイトルに、データの要約をサブタイトルに据えることが多いようです。プレゼンテーションのスライドも、これにならうのが自然でわかりやすいと思います。

次に、解説や注釈について。報道記事であれば本文に解説を書いたり、ダッシュボードであればグラフのすぐ下に注釈を入れたりと様々な方法が取れますが、データの定義や範囲は可能な限りグラフの近くに嚙み砕いて入れます。第2章でも触れましたが、データに何が含まれるか、何が含まれないかは深く追求するほど解像度が上がり、その後の議論や分析も地に足がついたものになります。

解説が重要な理由は、統計データの名称から受けるイメージと実際の内容がしばしば異なるからです。たとえば新型コロナの「重症者数」はICU（集中治療室）で治療を受けている患者や、人工呼吸器を挿管している患者を指します。したがって、症状だけ見れば重症に相当するような場合も、定義上「軽症」とされるケースがあります。

実際、2022年1月から3月にかけての第6波では、高齢のため人工呼吸器など体に負担のかかる処置ができず、「軽症」扱いのまま亡くなる患者が相次ぎました。これにより、重症化率よりも致死率の方が高くなる状態になっています（東京新聞2022年2月27日付『〈新型コロナ〉第6波「致死率」が「重症化率」上回る　医学的には重症なのに…「軽症」扱いで亡くなる高齢者相次ぐ』）。「重症者数」とだけ書かれたデータを提示すると、このような背景を踏まえることなくイメージで分析が進んでしまう危険性があります。

他にもニュースなどでよく見る「完全失業者」という指標があります。字面からは「職を失った人」としか読み取ることができませんが、定義上では求職活動（自分で事業を始める準備も含む）をしていることが条件のひとつになっています。そのため、求職活動が長引いて職探しを諦めてしまった場合、その人は「完全失業者」から除かれます。

例を挙げると、2008年のリーマンショック直後は雇用情勢が厳しく、解雇や雇い止めになって職探しを諦めた人が例年になく増加したと見られています。しんぶん赤旗（2

010年1月12日付）の推計によると、通常の方法で計算された完全失業率5・4％に対して、これらの人々を失業者とカウントした場合の失業率は倍以上の11・9％に上るとされています。

政府統計など大規模なデータだと定義も詳細で難解になりますが、そもそもデータ可視化とは「データを伝える」行為であり、元データの資料を読まずとも定義や範囲をスムーズに確認できることも可視化の役割のひとつだと考えています。「データの定義はこちらをご覧ください」とリンクだけ張るケースも散見されますが、誠実なデータの提示を目指すのであれば可能な限り注記や文章でもデータの範囲や注意点を解説するようにしたいものです。

多くの場合、テキストはデータ可視化の主役ではありません。解説やタイトルに力を入れても高く評価されることは少ないでしょう。しかし、テキストをおざなりにせず丁寧な解説やわかりやすいタイトルを心がければ、データに対する誤解や疑問が減り、その分データをじっくり吟味したり、具体的なイメージを持って分析ができたりするはずです。いわば縁の下の力持ちとして、テキストにも気を配ってみて損はないはずです。

インタラクションの活用

ウェブサイトやスマートフォンアプリにおいて、「ボタンを押す」「画面をスクロールする」「地図を拡大する」といったユーザーの動作に応じて画面が変化することを「インタラクション（双方向性）」と呼びます。

インタラクションは、データ可視化の使い勝手やわかりやすさを大きく向上させます。あなたが紙ではなくPCやスマートフォン上でデータ可視化を作ろうとしているなら、インタラクションを活用しない手はありません。

インタラクションを使う最大のメリットは、全体の概要から詳細まで異なる粒度のデータをひとつのデータ可視化で表現できることです。たとえば日本地図を見る場合、紙で国土全体を描くと詳細な地理まで拡大することはできません。逆に、拡大された自分の周囲の地図を手に取っても日本全体の地理はわかりません。最初は全体を表示し、ユーザーの操作で拡大する。これによってユーザーは「全体の傾向」と「自分の周囲や気になる町の位置付け」を一度に体験することができます。

よく全体を俯瞰することを「鳥の目」、細かな範囲をつぶさに見ることを「虫の目」と表現しますが、鳥の目から虫の目までをつなげる役割を果たすのがインタラクションです。

たとえば、以前私は「グラフィックで振り返る　2019年の台風・豪雨災害」という

図5-7　東洋経済オンライン
「グラフィックで振り返る 2019年の台風・豪雨災害」より

コンテンツを制作したことがあります。２０１９年10月に関東地方を直撃した台風19号は、台風として初めて「特定非常災害」に指定されるなど近年で稀に見る規模の台風被害をもたらしました。しかしそれ以外にも、８月の九州北部豪雨、10月の千葉県豪雨など同様の被害は各地で起きており、東京から見て印象が薄れがちな地方の災害にも目を向けることを意識して１年間の台風・豪雨災害を特集したものです（図５－７）。

このグラフィックは日本を俯瞰する３Ｄの地図で作られています。日ごとに記録された降水量が、ちょうど私たちが天気予報でよく見るような形で３Ｄに表現されます。天気予報と異なる点は、日付を選択すると２０１９年の好きな日を選択でき、１年間に起こった豪雨や台風災害の日を降水量データから振り返ることができる点です。

また各地点をクリックすると、その場所における年間の降水量をグラフで詳細に見ることができますし、この画像で右側に表現されているように、特に被害の大きかった災害は特別に解説記事をつけています。

データ元は、全国に約１３００ヵ所設置されている気象台やアメダスからの日別降水量データを使っています。これを３５９日分（12月30日公開の記事だったのでデータは12月25日まで）ビジュアルに変換するためにいくつかの工夫を重ねました。

まずファーストビュー（ユーザーが最初に見る画面）では日本全体の様子を俯瞰し、タップやクリックをすることで個別の観測所における降水量の1年間の推移を見られるようにしました。これにより、豪雨災害が起こったときの全体像も見られますし、「このとき自分の地元はどうなっていたか？」を確認することもできます。

地図だけでなく、グラフを集めたダッシュボードでも同様のメリットがあります。最初は全体の傾向を表示し、スイッチやボタンで地域、年齢層、時間帯といったカテゴリーを指定できるようにすれば、全体から詳細までをユーザーが自分のニーズに応じて確認できます。

さらに、ユーザーの記憶に残りやすいことも大きなメリットです。特定の地域や時点など、具体的なデータを抽出することによって、自分の身近な体験と結びつけやすくなります。

この降水量のビジュアルでは、災害そのものに関するコメントもありましたが、「この日は電車が止まって大変だった」「両親に車で迎えに来てもらった」といった反応もありました。データ可視化は「データの世界」で終わらせるのではなく、いかにユーザー個々人の体験や記憶と結びつくかどうかが「伝わる」鍵だと私は考えています。

また、一方的にデータを見せられてもなかなか記憶に定着しにくいものですが、自分で何かを操作したり選択することによって記憶に残りやすくなります。

デジタル技術を使った報道に「スクローリーテリング（Scrollytelling）」と呼ばれる表現手法があります。これは「スクロール（Scroll）」と「ストーリーテリング（Storytelling）」を掛け合わせた造語で、一般的な記事のようにテキストをスクロールしながら、画面の横や合間にグラフや地図などのグラフィックを表示し、テキストとグラフィックを同時に体験するものです。

たとえばロイター通信の「ライフ・イン・ザ・キャンプス（Life in the camps）」という記事（２０１７年12月４日）では、ミャンマーに住むイスラム系少数民族ロヒンギャの人々がミャンマー政府に迫害され、バングラデシュ南端に位置する難民キャンプで暮らす様子を描写しています。衛星写真やマップを駆使し、80万人もの人々が劣悪な環境下で生活することを余儀なくされていることが解説されていますが、テキストをスクロールするのと並行して地図やビジュアルが移り変わるのがＰＣでもモバイル端末でも体験できます。

これによって、複雑なビジュアルを自分で動かしながら、ひとつのストーリーを伝えることができるようになります。動画でもグラフィックとテキストを並行して表示する場合はありますが、インタラクティブな可視化であれば読むペースを自分の好きなように設定でき、戻る・繰り返すことも動画よりスムーズにできます。この作品は２０１８年のデータ・ジャーナリズム・アワードのデータ・ビジュアライゼーション・オブ・ザ・イヤーを獲得しました。

テレビゲームの使い心地を目指す

優れたインタラクションの参考として、私はいつもテレビゲームやスマートフォンゲームをお手本としています。アクションゲームであれ、シューティングゲームであれ、ＲＰＧ（Role-Playing Game）であれ、ゲームはいわばインタラクションの塊です。

私は特にメニュー画面やアイテムの選択、カメラワークといった「どのように情報を提示するか」を中心に見ています。現代の多くのゲームは「メニュー画面を上下にスクロールしたとき」「アイテムを選択したとき」など要所要所で細かなリアクションやアニメーションが実装されています。これを「マイクロインタラクション」とも呼びます。スイッチが切り替わるだけでは退屈な印象を与えてしまう動作でも、こうした小さなリアクションを随所に入れることによって「触っている」感覚を演出することができます。

特に任天堂のゲームは幅広い年代のユーザーが遊ぶことを意識しているためか、マイクロインタラクションや配色、フォント、台詞や説明の言葉遣いに至るまで緻密な調整を重ねていることがわかります。社会に広く公開するデータ可視化を作る際には大いに参考になるでしょう。

使って面白いデータ可視化はテレビゲームとコンテンツの中間のような姿になると考えています。ゲームのように「触っていて楽しい」を実現しながら、メッセージやデータといったコンテンツを理解してもらう。これが可能になれば、複雑なデータであっても広い範囲のユーザーに体験してもらうことができます。

データ可視化におけるインタラクションの理想は「自由自在にデータで遊べること」です。複雑なデータであっても、取扱説明書のようなマニュアルを必要とせず、どこを触ればどのようなデータが表示されるか直感的にわかり、使い慣れた道具で遊ぶような感覚で自由にデータを集計・表示できる……これが目指す姿です。

デザインに気を使うと別の部分が評価される

データとデザインについて、私自身の面白い経験があります。結論から書くと「デザインに力を入れたら別の部分が評価されるようになった話」です。

私は新卒で入社した東洋経済新報社で働き始めてから、主にデータベースやウェブの開発といった仕事をしており、デザインの経験はありませんでした。働き始めてから数年した後にデータ可視化やデータ報道（データジャーナリズム）と呼ばれる分野の存在を知り、興味を持って自分でも試作品をいくつか作ってみましたが、どう贔屓目に見てもよくできた代物ではなく、試しに見せてみた周囲の反応も芳しいものではありませんでした。

ある日、仕事でウェブサービスを作ることになり、私がデザイン原案を制作したのですが、それを見た上司と先輩の判断は「デザインは外注しよう」というものでした。つまり「顧客に出せるレベルではない」と判断されたのです。

集中的にきちんとデザインを勉強する必要があると感じ、イギリスのエディンバラ大学の修士課程に留学しました。デザイン&デジタルメディアという専攻で、周囲の学生は3Dアニメーション、ゲーム、VR（Virtual Reality 仮想現実）などを制作していました。日本でいうと美術大学における情報デザイン専攻のような位置付けでしょうか。

さて、帰国してからは編集部に配属され、コンテンツを作る際には時間をかけて配色や要素の位置関係などを吟味するようになりました。一方で、データ分析やデータサイエンスに関する授業は受講しなかったので、そちらは大きく進歩していないはずです。それにもかかわらず、帰国して以降はデザインよりも、データの分析力やアイデアを評価してもらうことが多くなりました。

これだけ書くと不思議な現象ですが、私は「デザインに力を入れることで、内容に注目してもらえるようになったから」だと考えています。拙い文章の内容を理解するのが難しいように、デザインの品質が低いとデータの意味やメッセージを理解してもらうことができません。データ可視化に「アイデアが斬新」「技術力がすごい」といった感想が集まったとしても、それに最も寄与しているのはデザインや細部の使いやすさである可能性があります。

私はこれをよく映画や小説の「どんでん返し」にたとえています。終盤で劇的な展開がある作品は通常「どんでん返しがすごい」「ラスト10分の衝撃」などと形容されますが、そこに至るまでの過程がしっかりと描かれていないと、最後の展開が予想できてしまったり、退屈で読むのをやめてしまうかもしれません。データ可視化において細部のデザインに力を入れることは、この「過程」をきちんと描写することです。「神は細部に宿る」と言われるように、細部がしっかり描かれることによって、本当に体験してほしい内容が引き立つことになります。

第5章のまとめ

1）データをデザインする際は、視覚的な美しさだけでなく意味を踏まえたデザインをする。データ可視化とは、いわばデータから視覚表現への「翻訳」。

2）データを集計すれば複雑なデータもシンプルになるが、同時にデータの持つ情報を削ぎ落としてしまう。全体的な印象と細かな数字の分布を同時に表現するには、出来る限り可視化で表現する方がよい。

3）データに「補助線」を引くことはわかりやすいデータの伝え方に有効。たとえば単独の数字だけでは理解しにくいデータであっても、何かと比較することでその大きさや重要さが理解しやすくなる。

第6章　多様なデータの見せ方

この章では、地図やランキングなど、身の回りでよく見かける形のデータを取り上げて効果的な見せ方や注意点を解説します。

また、世の中にあるデータは完全なものとは限りません。予想、シミュレーション、不完全なデータなど、データに何らかの要注意点がある場合でも誤解なくメッセージを伝えるための考え方を説明しています。

地図によるデータの見せ方

最初に地図表現についてです。データと組み合わせて地理的な傾向や分布などを表現した地図を「主題図」と呼びます。主題図は路線図や天気予報など日常的にも使われる、非常にポピュラーなデータ可視化といえます。非常に便利な可視化手法である一方で、いくつかの落とし穴もあります。

地図を可視化する際に気をつけるべき点の第1が面積の偏りです。たとえば都道府県など地図をデータによって色分けした地図は「コロプレス図」と呼ばれ、様々なデータダッシュボードや報道記事で目にします。しかし日本では、面積の偏りによってどうしても北海道（面積8万3424平方キロメートル）が目立ちます。都道府県の中で最も小さな香川県（1877平方キロメートル）と比べると、実に44倍を超える開きがあります。

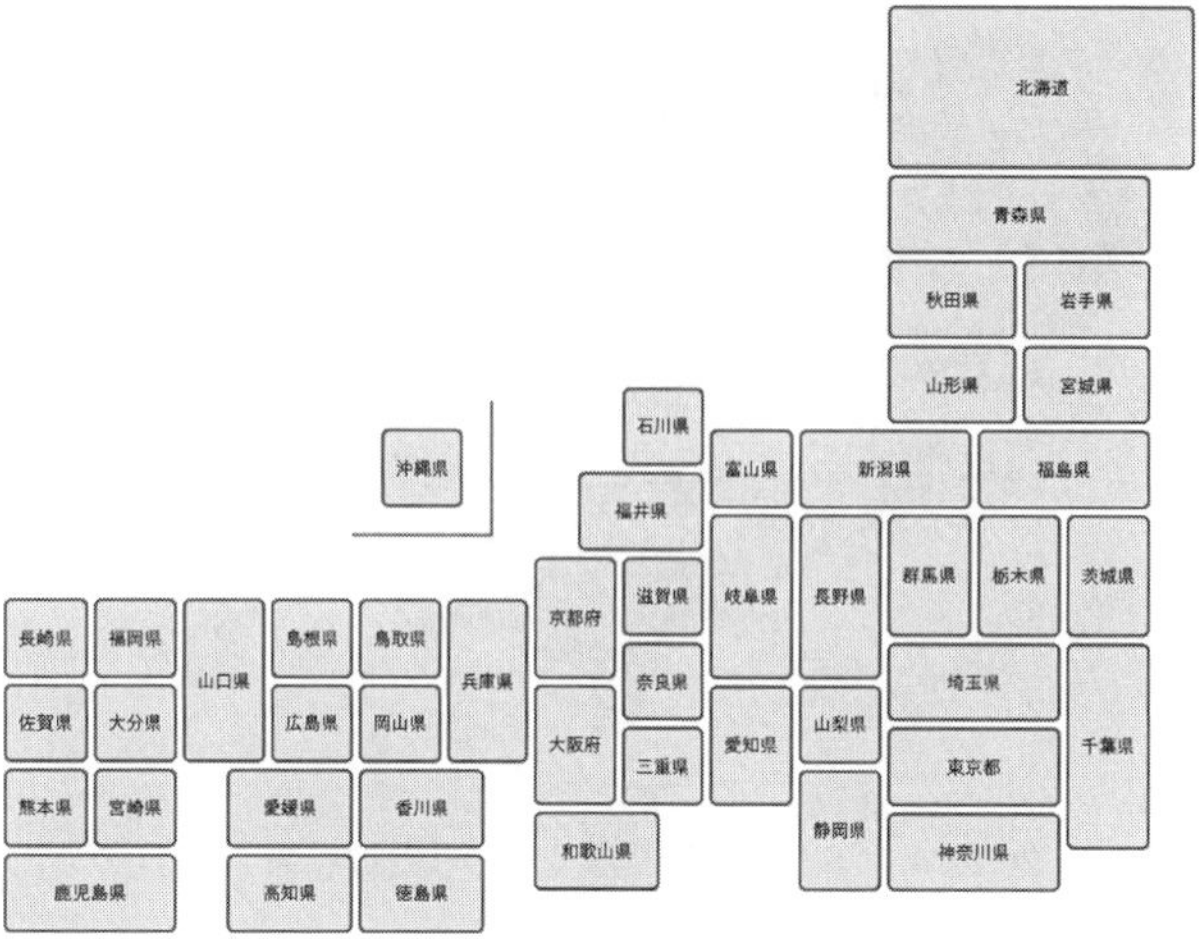

図6-1　デフォルメされた都道府県別の地図（Jmap.jsを使って著者作成）

これを解消する方法のひとつが、都道府県をデフォルメすることです（図6－1）。

この図では北海道など一部の都道府県を大きく表示していますが、少なくとも地図そのままより面積の不均衡は緩和されたはずです。さらに徹底するなら、都道府県をすべて同じ大きさ・形にするのも手です。ただ注意点として、都道府県の形がわからず位置関係も一部で異なっているため、名前を表示しないとどの都道府県かわからないかもしれません。市区町村や国の色分け地図でも同じことが言えます。

色分け地図による不均衡は面積だけではありません。２０１６年、アメリカの

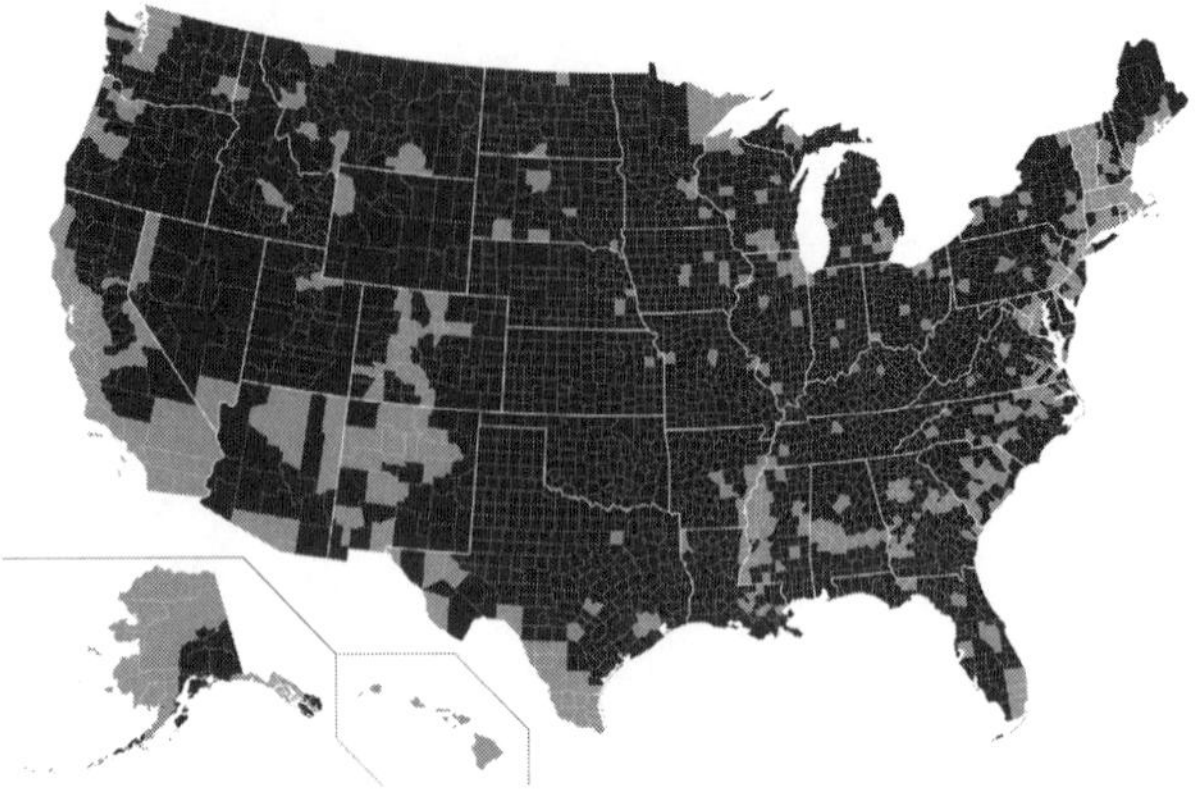

図6-2　2016年アメリカ大統領選挙・郡ごとの結果
（画像：Wikimedia Commonsより著者作成）

大統領選挙において共和党候補のドナルド・トランプと民主党候補のヒラリー・クリントンが争いましたが、ニューヨーク・タイムズは複数の方法で選挙結果を可視化するビジュアルを制作し、リアルタイムに更新していきました。

そのひとつが「Counties（郡）」と題されたビジュアルです。アメリカは50の州に分かれており、さらにそれぞれの州を郡と呼ばれる行政単位に分けることができます（一部に例外もあります）。アメリカには全部で３０００あまりの郡が存在しますが、郡ごとの選挙結果を示したものです。

図６－２は郡ごとの結果をモノクロで示した地図です。トランプが勝利した郡を黒、クリントンが勝利した郡を薄いグレーで表して

います。これを見ると、トランプがアメリカのほとんどの地域で支持され圧勝しているかのような印象を受けます。

ロイターの記事（2017年4月28日付）によると、トランプは選挙での勝利から5ヵ月以上経った時点でもニューヨーク・タイムズの地図を記者に見せて自身の大勝利をアピールしていたそうです。

　勝利から5ヵ月以上、大統領就任から100日を2日後に控えた今も、トランプ氏の頭の中には選挙がある。中国の習近平国家主席に関する議論の途中で、大統領は話を止め、2016年の選挙結果の最新の数字を示した地図だとするコピーを配った。

「ほら、これを持っていってくれ、これが最終的な数字の地図だ」と、共和党の大統領は大統領執務室の机から、自分が勝った地域を赤で示した米国の地図を手渡した。

「とてもよいだろう？　どう見ても我々が赤だ」

このエピソードはアルベルト・カイロ『グラフのウソを見破る技術』（ダイヤモンド社、2020年）でも紹介されています。

しかし地図を冷静に眺めると違う側面が見えてきます。ニューヨーク・タイムズの選挙結果では、得票数はトランプの圧勝どころか、むしろクリントンの方がわずかに多くなっています（トランプ6298万票、クリントン6585万票）。

この違いはどこから来るのでしょうか。理由はアメリカの地理と、両党の支持基盤の違いにあります。伝統的に共和党はオクラホマ州などアメリカの内陸部に多く支持者がいます。これらの地域は人口がそれほど多くない一方で面積は広い傾向にあります。

他方、民主党が支持基盤とするのは沿岸の都市部です。日本でもそうですが、都市部では人口密度が高く、面積が小さい。これによって、総得票数の単純合計ではクリントンが勝っているにもかかわらず、地図上では大多数がトランプを支持しているような印象になります。

これを受けてか、ニューヨーク・タイムズは4つある地図のバリエーションのうち、この「Counties」だけを2020年の選挙で差し替えています（図6－3）。

補足すると、色分け地図による可視化それ自体が不適切というわけではありません。地図による可視化は、先ほども書いたように地理的な傾向や各地域の特徴を外観するのに優れています。このアメリカ大統領選挙の例では、結果として偏った印象を与えることになりましたが、各郡における面積と人口比や、両党の支持基盤によってはこうした配慮は不要だったかもしれません。どのような印象を与えるかは実際のデータに左右されるため、

図6-3　The New York Times
"2020 Presidential Election Results: Biden Wins"

可視化を行ってみないとわからないのが難しいところです。

　このようなケースの代替案は、人口の規模も加味したビジュアルにすることです。ニューヨーク・タイムズでは「Size of lead」という種類の地図でも郡ごとの選挙結果を可視化しています。第4章「データを編集する（実践編）」に登場したものと同様の地図です（図6－4）。

　これは先ほどの「Counties」とまったく同じデータですが、郡ごとにバブル（円）で得票が表現されています。バブルの色がその郡の勝利政党、大きさがリードの大きさを示しています。これを見ると、赤（共和党、トランプ）は内陸部を中心とする多数の郡で小さく勝っている一

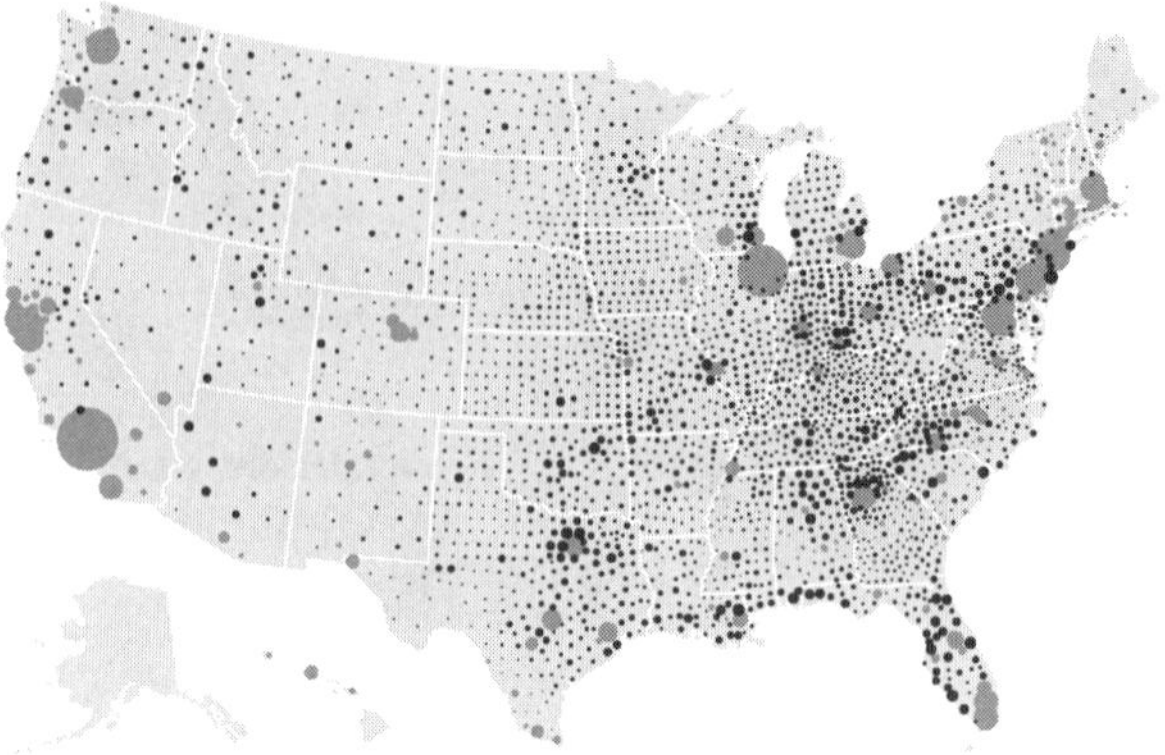

図6-4　The New York Times “2016 Presidential Election Results”

方で、青（民主党、クリントン）は沿岸部など一部の地域で大きく勝っていることがわかります。この差が総得票数と図6－2の地図の不均衡につながったといえます。

では色分け地図は使わず、すべてバブルで示せばよいかというと、そういうわけでもありません。図6－4の「Size of lead」は全米3000の郡ごとにプロットしていたので不自然さはありませんが、日本の都道府県など地域のくくりが広すぎると「バブルの位置」によって誤解が生じるおそれがあります。

たとえば新型コロナの流行初期には、都道府県ごとのデータを使ってこうしたバブルでの「感染地図」を作った例がありました。しかし都道府県のどこで感染が起きたかは発表されておらず、バブルの中心位置をすべて都道府県庁所在地に設定したため、「県庁所在地ばかりで感染が起こっているように見える」として批判を受けました。地図表現においてバブルは「データの値」を表すと同時に、印象としては何らかの「範囲」を示すものと捉えられる場合があるため、データが足りない・粗い場合には注意が必要です。

色分けに失敗すると分断を助長する

また別角度からの注意点ですが、色分け地図を作る際には配色を単純化しすぎることで「分断」を助長しないように注意したいものです。

２０１６年、イギリスではＥＵからの離脱、俗に言う「ブレグジット」を問う国民投票が実施されました。ＢＢＣは国民投票の結果を様々なデータ可視化で伝えていましたが、その中に地域ごとの投票結果があります（図６－５）。

この地図は（白黒ではわかりにくいですが）、ＥＵ離脱に賛成した人が多い地域は青、反対つまり残留と答えた人が多い地域は黄色で塗り分けられています。右側にはイングランド、北アイルランドなどイギリスを構成する４つの地域の結果がグラフで示されています。

このビジュアルの問題点は色と投票割合のバランスです。離脱派と残留派がそれぞれ１色ずつで塗られているため、地域ごとに賛否がきっぱり分かれているような印象を受けま

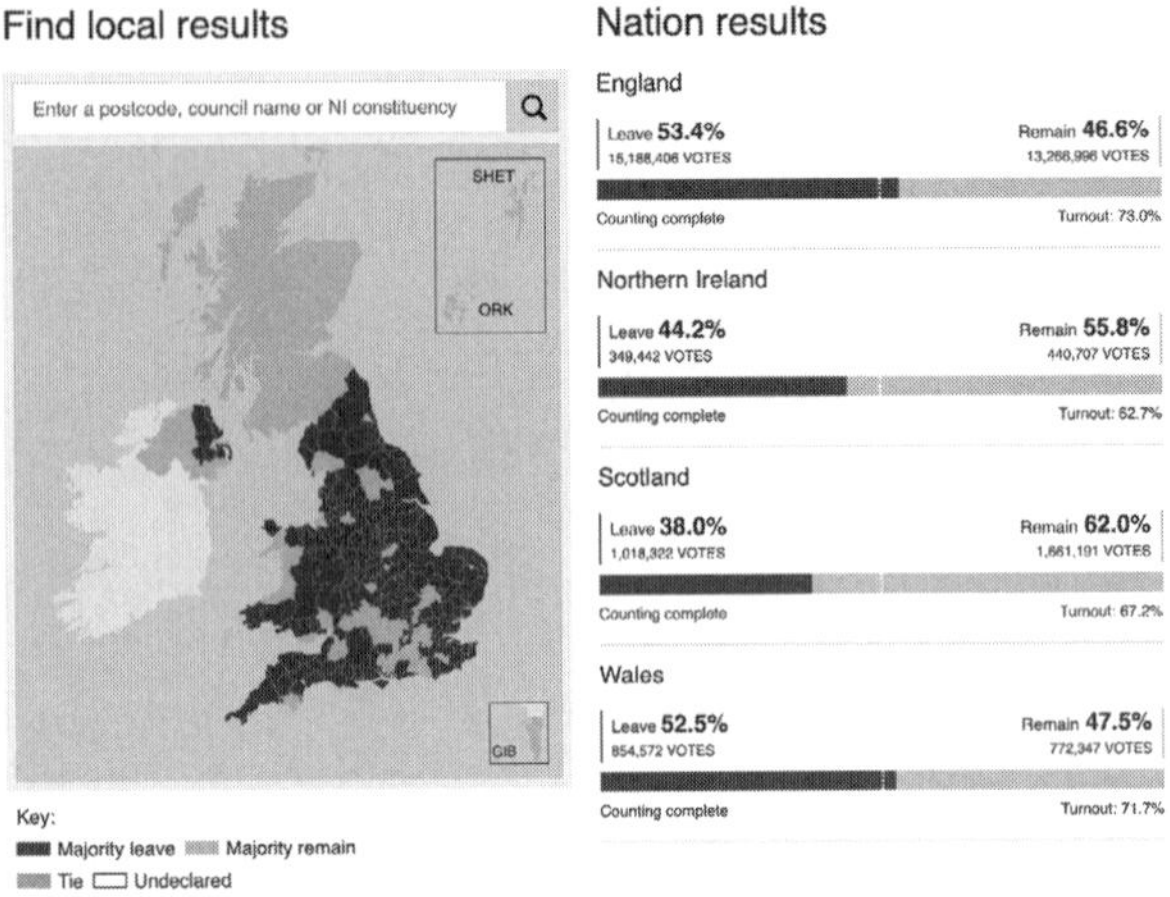

図6-5　BBC News “EU Referendum Results”

すが、全体の結果を見ると「離脱」が51・9%とかろうじて上回っている程度です。

行政区ごと（イギリスでは行政区分の単位がシティ、カウンティ、カウンシルエリアなど複雑であるためここでは一括して行政区と表現します。人口でいうと日本の市区町村くらいの規模感です）の結果を見ても、75%超が離脱に賛成したボストンから、50・3%で離脱派が「辛勝」したワトフォードまで様々ですが、いずれの地域も同じ青色で表現されています。

選挙結果であれば「1つの議席」「1人の当選者（政党）」を示す意味で色をはっきりと塗り分けることも理解できますが、これは国民投票であり、「この行政区は離脱」といった形で一括りにしていいものではありません。接戦だった地域は白やグレーに近くするなど、もう少し細かく色を塗り分けてもよいのではと考えます。

ランキングの功罪

一般的にイメージされる「データ可視化」とはやや外れますが、ランキングもまた日常で頻繁に目にするデータです。「ホワイト企業ランキング」「人気の温泉地ランキング」「東京の人気ラーメン店ランキング」などなど、ビジネスから旅行やグルメまで、ランキングは色々なメディアで使われています。

「日本人はランキングが好き」とよく言われます。実際、ランキングは江戸時代から人気のコンテンツだったようです。現在まで続くものでは力士のランキングである相撲の番付が有名です。また、相撲番付の様式を模倣して「御《お》料理《りょうり》献立《こんだて》競《くらべ》」という、いわばミシュランガイドのような料亭のランキングがあったり（図6－6）、1851年（嘉永4年）には「諸国温泉功能鑑」という温泉のランキングが出版されています。

さて、ランキングはシンプルでわかりやすくデータを見せられる反面、様々な要素を捨象していることがデメリットにもなります。

まず挙げられるのは実数の差がイメージしにくい点です。同じ顔ぶれのランキングでも、1位が圧倒的な大差をつけているのか、それとも上位が極めて僅差なのかによって印

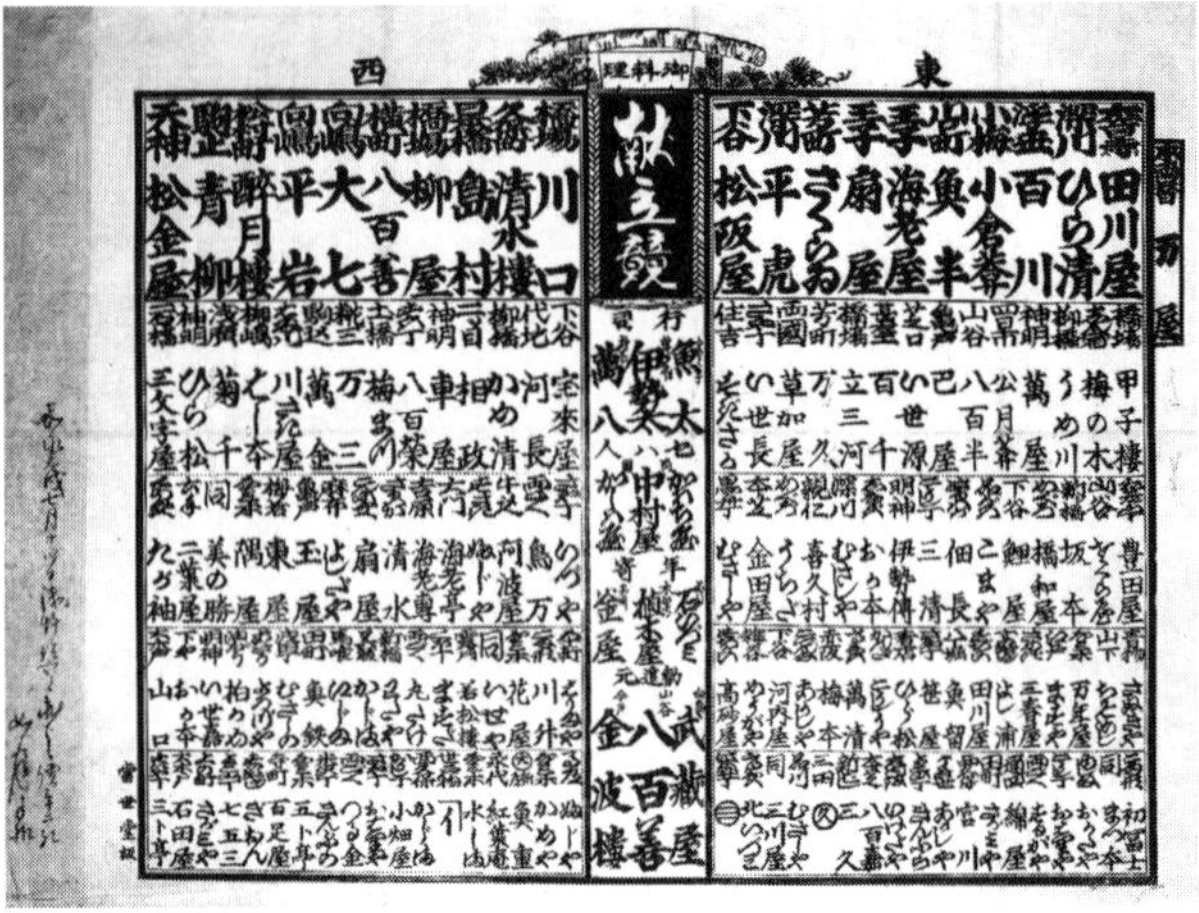

図6-6　「御料理献立競」（画像：東京都立図書館）

象は変わってきます。

またランキングの基準を独自に計算している場合、算出方法が不明瞭だったり、偏りが指摘されることもあります。多くの場合、独自指標であれば計算方法が注記などで解説されていますが、「○○の項目をもとに調整した」など再現や検証ができないケースもあります。私も留学先の大学院を選ぶときには各種の大学ランキングを参考にしましたが、英語圏の大学が有利になる計算方法であることや、各種の補正が不透明である旨の批判もあるようです。

加えて、ランキングに登場する企業や団体の競争を煽り、特に下位にはネガティブな印象がついてしまうことも副作用です。ベストよりもワーストに注目が集まるのは世の常で、同じランキングであれば「上位100」よりも「下位100」の方がより多くのアクセスを集める傾向があります。

これらのデメリットが悪い方向に作用し、ランキングを発表する側とランキングされる側でトラブルに発展したのが「都道府県魅力度ランキング」です。同ランキングは株式会社ブランド総合研究所が「地域ブランド調査」として市区町村のランキングとともに2006年より毎年発表しているものです。10月に発表された2021年版では各地域に対して89項目のアンケート調査を行い、そのうち「(引用者注：その地域を)どの程度魅力的に思うか」という質問を5段階で集計し、点数化したものを「魅力度ランキング」として公開しています。

2021年版の魅力度ランキングにおいて、群馬県は前年よりも4位下落した44位となりました。これを受けて群馬県の山本一太知事は10月12日に「法的措置も検討して参りたい」と発言し、波紋を呼びました。山本知事はNHKの取材に対して「1問だけで抜き出していること」「『対象の都道府県を知らない』と回答した人にも質問していること」などを挙げて調査の信頼性に疑問を呈しています(https://www.nhk.or.jp/politics/articles/feature/72908.html)。

ランキングは無用なトラブルを引き起こすこともありますが、伝え方を吟味すればユーザーに対して示唆に富む情報を提示することができます。たとえば「土地価格が急上昇したのは郊外の住宅地だった」と傾向だけ説明してもピンと来ないかもしれませんが、「1位は〇〇、2位は△△」と具体例を挙げることでイメージしやすくする効果があります。実際の顔ぶれがわかることがランキングの利点です。

また、定期的な調査であればランキングを推移で表示することにより、相対的な存在感が徐々に上がった／下がったことを表現できます。報道においてランキングをうまく使っている事例が、2021年11月19日に発表されたワシントン・ポストの「Africa's Rising Cities（急成長するアフリカの都市）」という記事です。急激に成長するアフリカの都市に焦点を当てたグラフィックコンテンツですが、この中で世界の都市における人口ランキング推移が示されています（図6－7）。

これは2010年から2100年にかけて、全世界で人口が多い都市100位までのランキングを横に並べたものです。最初の2010年だけが実際のデータで、それ以降は予測です。各時点での順位を薄い色の線でつなぎ、同じ都市が将来どのようにランキングが推移するかがわかるようになっています。

このとき黄色く太い線で強調されているのがアフリカの都市です。2010年時点でランキングに並ぶアフリカの都市は10でしたが、2100年には38の都市がランクインする

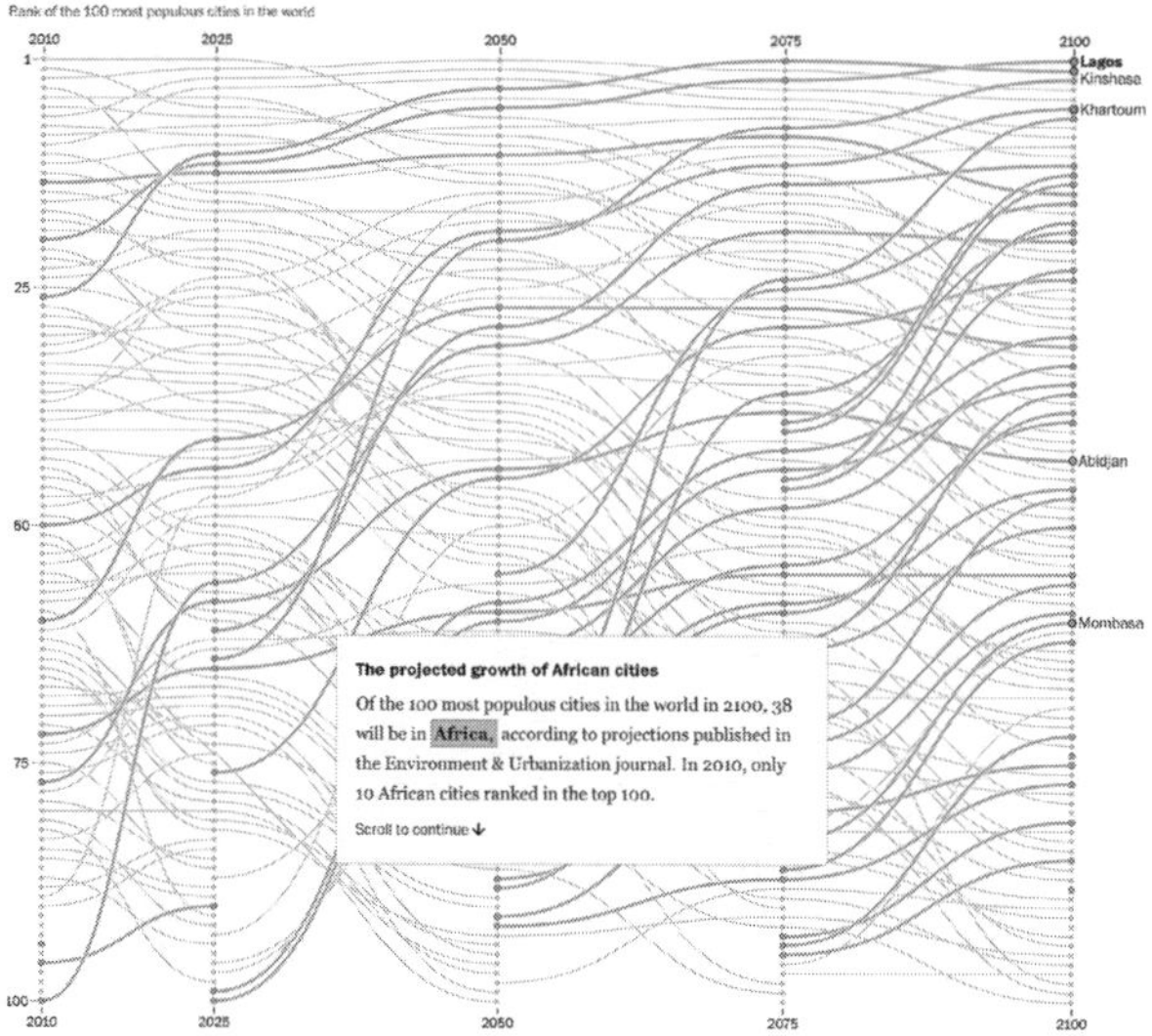

図6-7　The Washington Post "Africa's Rising Cities: How Africa will become the center of the world's urban future"

と予想されています。強調されている線は右上に向かって延びていますが、これによってアフリカの都市がトップ100以内に増え続けるとともに徐々に順位を上げている様子がわかります。

　この間にも世界の総人口は増え続けると予測されていますが、このグラフィックではあくまで世界における相対的なアフリカの存在感を伝えることに注力しています。「数値が捨象されてしまう」というランキングの欠点を、視覚的に整理して、うまく活用している事例です。

予想のデータを可視化する

データ可視化では、必ずしも確定した数字だけを扱うわけではありません。時には予想や推計値、あるいは数値が定まらず幅があるデータを可視化するケースもあるでしょう。

よくあるケースは来期の業績予想や人口の未来予測などです。これらをグラフに表現する際は、まず視覚的に確定データと区別できるようにすることが必要です。棒グラフなら確定値よりも薄い色にする、折れ線グラフなら実線ではなく点線で表現する、などの方法があります。

では、予想に幅がある場合はどうするか。たとえば選挙速報では、予想される議席数に幅が生じることがあります。２０２１年７月４日の東京都議選において、ＮＨＫの情勢報道では、出口調査のデータをもとに、棒グラフの先端を斜めにすることで予想の幅を表現しました。これによって、すぐ隣に表示している選挙前の議席数と最多・最少予測をともに比較することが可能になります。

同じデータを朝日新聞（２０２１年7月4日付）は少し違う方法で可視化しています。こちらは棒グラフの先端をグラデーションでぼかすことによって表現しています（図６－８）。ＮＨＫのように最多・最少の予想値を正確に表現することにはこだわらず、あくまでも「未確定であること」を強調した形であるといえます。

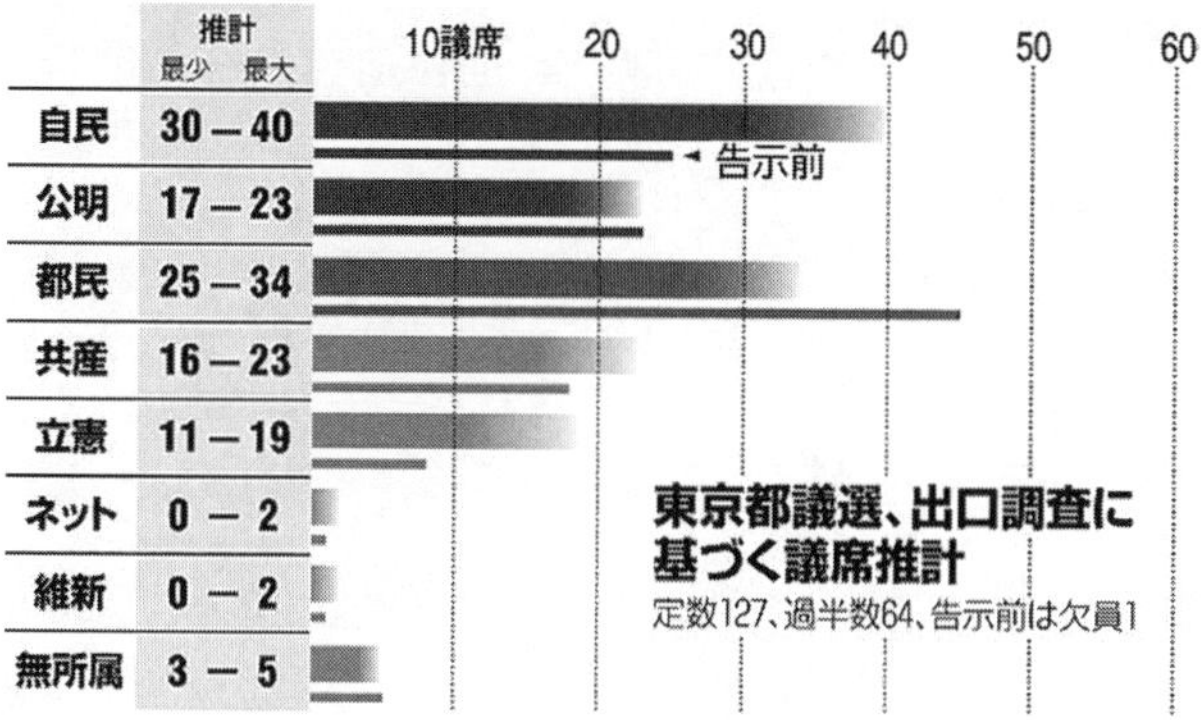

図6-8　朝日新聞デジタル「都議選、自公で過半数に届かない見通し　朝日出口調査」

続いて、地図はどうでしょうか。未確定の地図情報といえば、身近なのが台風の進路です。天気予報ではよく図6－9のような進路予想図を見かけます。

これは日本気象協会による、2021年の9月に発生した台風16号の予想進路（9月27日時点）です。10月1日ごろに日本列島に最接近することがここでは予想されています。このような台風の進路予想図はよく目にするものですが、実は誤解の多い表現でもあります。

よくあるのが「予報円（図の破線で囲まれた部分）の範囲が台風の大きさを示す」という誤解です。予報円や赤い線で囲まれた予想暴風域だけ見ると、時間が経つにつれて台風がどんどん大きくなっていくように見えるかもしれませんが、実際には予報円は「この時点で台風の中心が円の範囲内

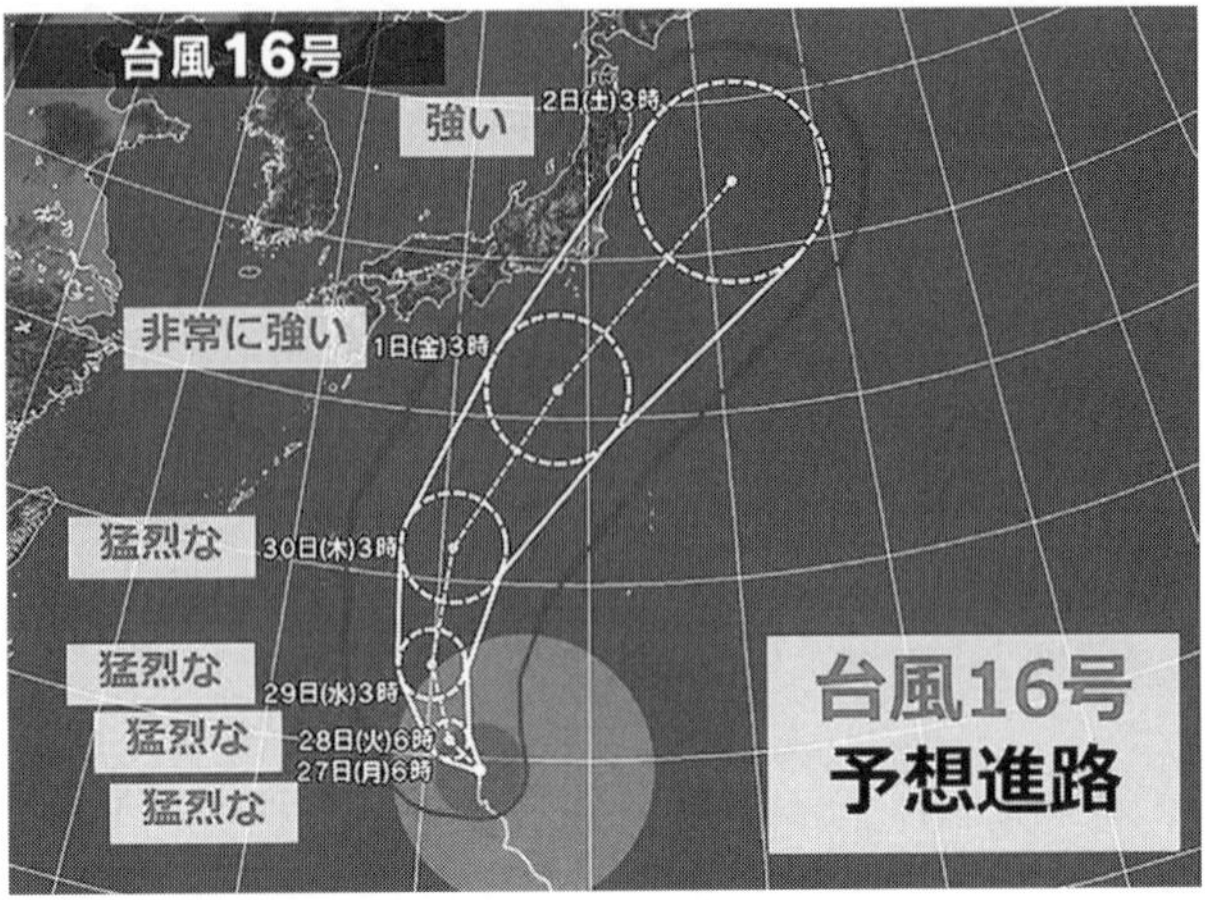

図6-9　日本気象協会「台風16号　沖縄・奄美・小笠原は高波に警戒　進路次第で関東や東海でも暴風のおそれ」

に入る確率が70%」である範囲を示すもので、必然的に未来の予想になるほど円は大きくなります。

　日本気象協会（tenki.jp）が2021年に実施したアンケートでも、35%の人が予報円の見方を誤解していることがわかっています。先ほども触れたアルベルト・カイロ『グラフのウソを見破る技術』でも、この進路予想図は「ほとんどの人がこの地図を読み間違えている」（166頁）として、誤解の多い可視化表現であると紹介しています。

　これを踏まえ、イギリスのエコノミスト紙では、図6－10のように色の濃淡をつけることで予想のグラデーションを表現しています。

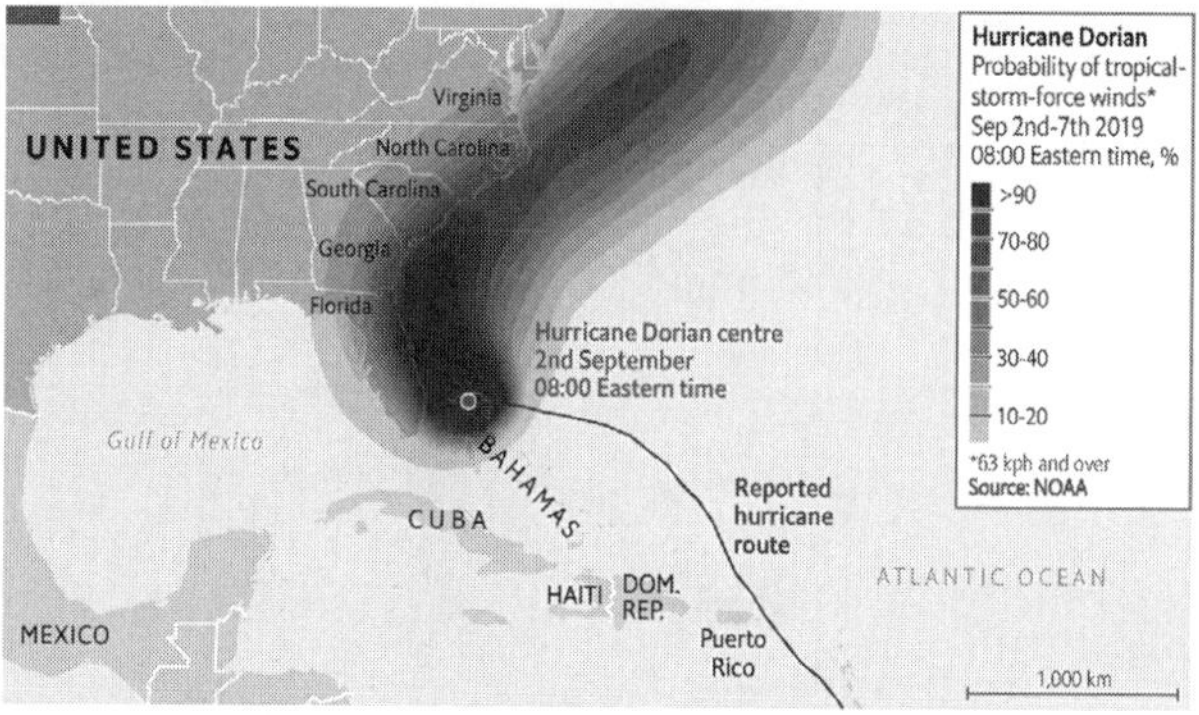

図6-10 The Economist "How global warming makes hurricanes more severe" （2019年9月2日）

これは２０１９年に発生したハリケーン「ドリアン」の予想進路を示したグラフィックです。色のついている範囲は、今後5日間において熱帯低気圧による強風が時速63キロメートル以上（気象庁の目安によると「風に向かって歩けなくなり、転倒する人も出る」）になる可能性をグラデーションで表現しています。図6－9の台風の予報円では70％を区切りとして一律に扱っていましたが、このようにグラデーションで表現することにより「非常に高い確率で強風が襲う地域」から「確率は低いがゼロではない地域」までをカバーすることが可能になります。

シミュレーションの可視化

予想データと同じく、シミュレーションもデータ可視化の対象となることがあります。特に新型

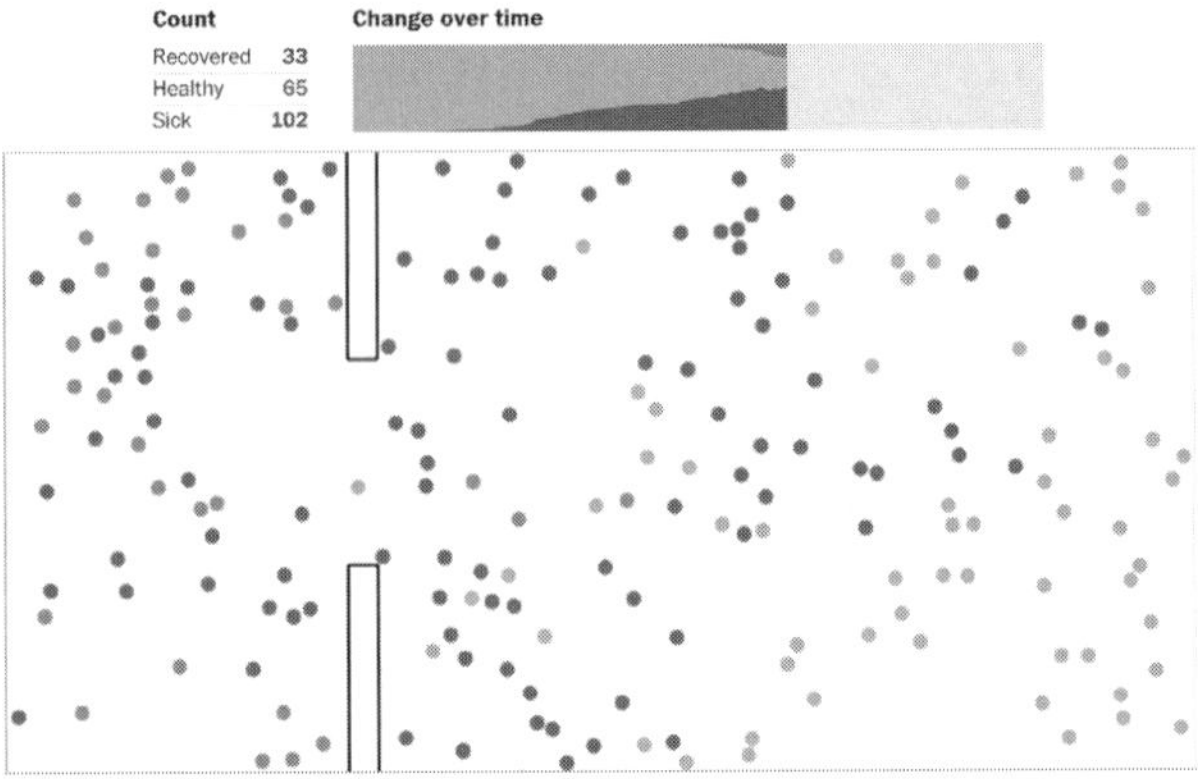

図6-11　The Washington Post "Why outbreaks like coronavirus spread exponentially, and how to "flatten the curve""

コロナ禍においては、数理モデルの手法を用いて新型コロナの感染力の強さや今後の動向を推測する「感染症数理モデル」が注目されました。報道の分野でも、新型コロナの感染がどのように人から人へ伝わるのか、といったシミュレーションをビジュアルで表現した作品があります。

まず挙げられるのが、ワシントン・ポストによる新型コロナの感染シミュレーションです（図6－11）。このシミュレーションは2020年の3月中旬という極めて早い時期に公開されました。まだアメリカにおいて1日あたりの新規感染者数が数百人にとどまっていた時期です（ちなみに2022年1月にはこの数字が1日あたり100万人以上に達しています）。

このコンテンツでは、新型コロナのような感染症が広まる過程において、感染者を隔離することや各自が移動を控えること(日本でも「ステイ・ホーム」という言葉が広まりました)がどのように影響を与えるかを解説したものです。人に見立てた円が縦横に動き、「感染」している円にぶつかると自身も感染して円の色が変わり、さらに別の円にぶつかると感染が伝わり……という感染が広がるメカニズムをシンプルなシミュレーションで示し、隔離(図6－11のように、感染者のいる地域とそうでない地域を壁で隔てる)や移動制限の影響を丁寧に説明しています。

まだほとんどの人が聞き慣れていなかった「感染者が幾何級数的に増える」とはどういうことか、感染者の隔離が全体への感染スピードにどう影響するかなど、感染症対策における基本的な概念をわかりやすく提示したことによって、著名人にシェアされるなど瞬く間に話題となりました。急遽日本語を含む13ヵ国語に翻訳され、ワシントン・ポストのウェブサイトにおいて史上最も読まれた記事になりました。

ワクチンについても、2020年8月21日にロイターが優れたシミュレーションを公開しています(図6－12)。ワクチンの効果は、打った人自身が病気にかかりにくくなるだけではありません。免疫を持った人が増えることで、社会全体で見て病気が広がりにくくなる効果もあります。ある感染症に対して免疫を持つ人が十分に増え、感染が拡大しにくくなった状態を「集団免疫」といいますが、この概念をシミュレーションでわかりやすく解

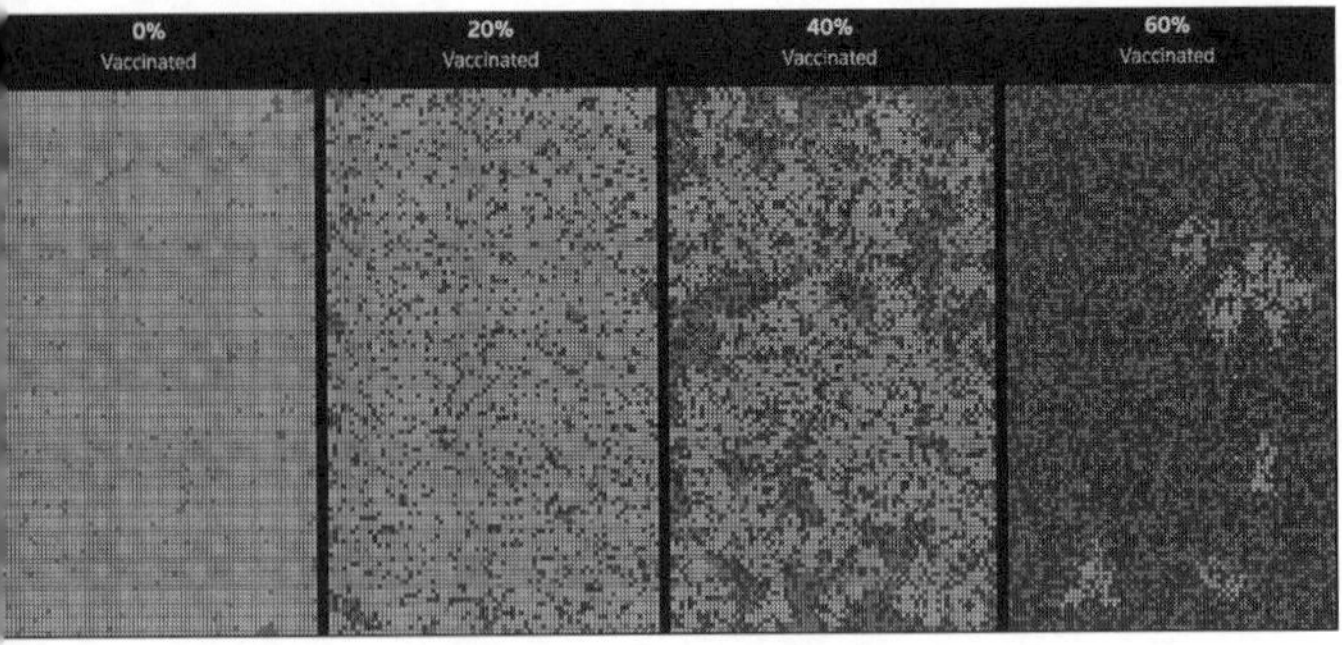

図6-12　Reuters “COVID-19 Stopping the spread: Reaching herd immunity through vaccination”

説したものです。

この記事では、人を1つのセルに見立て、隣に感染を広める様子をシミュレーションしています。ワクチンを打った人の割合、4人に1人が旅行をした場合、マスクを着けた場合など、さまざまな条件を加味して感染の広がりを見ることができます。特に劇的な違いがあるのはワクチンを打った人の割合です。ワクチンを打った人が0%の世界（画像の左端）では瞬く間に感染が広がっていきますが（明るい色のセル）、60%の人がワクチンを打っていれば感染の広がりは局所的なクラスターに収まり、全体には広がらないことがわかります（画像の右端）。

興味深いのが、どちらの記事もあえて固定したアニメーションにはせず、プログラムでシミュレーションさせていることです。ユーザーが記事を「読む」ことだけを考えれば同じことに見えますが、ページの更新や時間の経過によってシミュレーションが再度実行されると、当然ながらそのたびに異なる感染の広がり方をします。都合のよいシミュレーションだけ抜き出しているわけではないことの証明もあるでしょうが、ついつい何度もシミュレーションを実行したくなります。第5章ではインタラクションが重要である旨の解説をしましたが、これもインタラクティブ性を持たせる工夫のひとつだと思われます。

不完全なデータの扱い方

第2章「データを読み解く」でも簡単に触れましたが、データの欠測や異常値、基準変更にも注意が必要です。欠測とは、何らかの原因でデータの収集や集計がうまくいかず、その時点だけデータが存在しないことを指します。

異常値も同様に、何らかの原因で数値が通常考えられないような値になっていることを示すものです。特にセンサーによる定点観測を使う統計データでしばしば見かけます。また、統計データの時系列が長くなるほど、途中で基準の変更を行い、それまでの推移と連続性が保てなくなる場合があります。

わかりやすい例が気象庁です。気象庁は150年近く前からの気象データを保持しており、今では全国各地の気温や風速などを最短10分ごとのデータで公開していますが、欠測

国土交通省
気象庁
Japan Meteorological Agency

ENGLISH　Other Languages

Google 提供　検索

ホーム　防災情報　各種データ・資料　地域の情報　知識・解説　各種申請・ご案内

ホーム > 各種データ・資料 > 過去の気象データ検索 > 利用される方へ > 値欄の記号の説明

値欄の記号の説明

記号	説明
--	該当現象、または該当現象による量等がない場合に表示します。
0	該当現象による量はあるが、1に足りない場合に表示します。
0.0	該当現象による量はあるが、0.1に足りない場合に表示します。ただし、降水量の場合は、0.5mmに足りない場合に0.0と表示します。
0+	雲はあるが、雲量が1に満たない場合です。
10-	雲量が10でも、雲がない部分がある場合です。
)	統計を行う対象資料が許容範囲で欠けていますが、上位の統計を用いる際は一部の例外を除いて正常値（資料が欠けていない）と同等に扱います（準正常値）。必要な資料数は、要素または現象、統計方法により若干異なりますが、全体数の80%を基準とします。
]	統計を行う対象資料が許容範囲を超えて欠けています（資料不足値）。値そのものを信用することはできず、通常は上位の統計に用いませんが、極値、合計、度数等の統計ではその値以上（以下）であることが確実である、といった性質を利用して統計に利用できる場合があります。
×	欠測の場合、または欠測のために合計値や平均値等が求められない場合に表示します。
///	欠測または観測を行っていない場合、欠測または観測を行っていないために合計値や平均値等が求められない場合に表示します。
空白	観測を行っていない場合、観測を行っていないために合計値や平均値等が求められない場合に空白になります。 通信障害等も空白になります。また、1960年以前等、データを掲載していない場合も空白にしています。
#	値にかなり疑問があるため表示しておりません。
*	1つの極値に対して期間内に起日が2日以上ある場合、最も新しい起日に*を付加して表示します。
@	観測所の廃止や観測の終了により統計を終了した場合、または統計を切断したため統計年数が足りない場合に、統計の終了または切断前までの値で求めた平年値です（参考値）。気候の特徴の把握には利用できるものの、平年差や平年比の計算には利用しません。

図6-13　気象庁「値欄の記号の説明」

や異常値のルールも細かく明確に分けられています（図6－13）。

　このような欠測や、元データの集計・公開基準の変更などが発生した場合、どのように対応すべきでしょうか。私はいつも「実際の数値にどれだけ変化が生じるか」「データの意味内容がどれだけ変わるか」の2点を主に勘案して場合分けを行います。

　何らかの形でユーザーに周知する必要があると判断したら、グラフや地図の注記にその旨を書きます。さらに重要度が高く、データを流し読みするくらいのユーザーにも知ってほしい場合は注記だけ

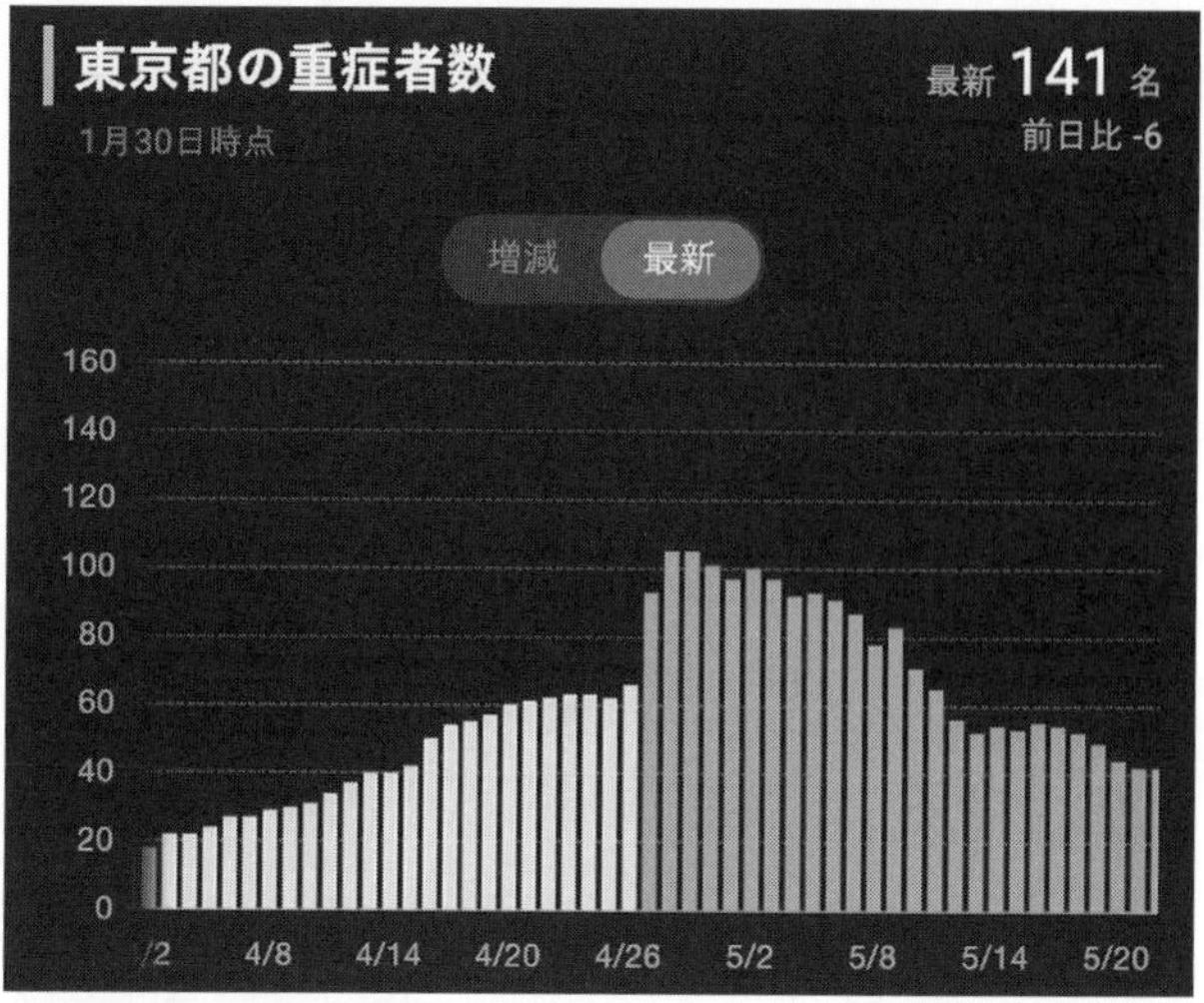

図6-14　東洋経済オンライン「新型コロナウイルス 国内感染の状況」

でなく視覚表現で注意喚起します。さらに致命的な誤りや欠損が生じている場合にはデータそのものの掲載を取りやめることも選択肢に入りますが、定期更新しているデータで途中からそのようなケースが生じることは稀です(最初から掲載をしないケースはありますが)。

「視覚表現で注意喚起をする」とは、グラフや地図そのものに注意を促す表記を追加するという意味です。具体的には折れ線グラフを破線にする、「!」など記号を含んだフキダシを添えておき、フキダシを選択すると詳しい解説が出てくる、などです。たとえば図6-14では棒グラフの色を変えることで基準が変わったことを表現し、注記にもその旨を記載しています。

データ可視化の更新を行っていると、どのくらい慎重な対応を取るか判断に迷うこともありますが、私自身は「迷ったら誤解の少ない方を選ぶ」ことを勧めています。すなわち注記だけで対応するか、視覚表現まで注意喚起を盛り込むか迷ったら、視覚表現まで変えてしまうということです。

というのも、現実問題としてデータ可視化の注記はほとんど読まれません。プレゼン資料であれば口頭で説明を補うこともできますが、報道コンテンツのようにユーザーが極めて多いデータ可視化の場合、注記を割愛した状態でスクリーンショットを撮られ、拡散されてしまうことも珍しくありません。

こうしたデータの例外対応は最初にデータ可視化の諸々を設計する時点でわかっていればよいのですが、継続的に更新されるデータにおいては、突然「今回のデータから集計基準を変えた」と発表されるケースも珍しくありません。というより私の経験上、特に行政機関が発表する公的統計は事前に基準変更が示されるケースの方が稀です。

行政機関のデータでもうひとつ怖いのは、更新されたデータ上では何も異変がなく、注記に「基準を変更した」旨が書かれているパターンです。データをプログラムで自動的に取得している場合、気づかず重大な基準変更を見落としてしまうことがあります。これを防ぐためには、数値部分だけでなくヘッダー（Excelなど表形式のファイルでいう1行目や見出し）部分や注記も取得して、前回の取得時から変わっていないかどうか確かめることをお勧めします。

私が仕事をする上でデータに泣かされてきたケースは数知れません。ここまで触れた不完全なデータも、本当に可視化の制作者泣かせです。ともすれば不完全なデータはすべて掲載を取りやめ、データ収集に問題がなく、集計もきちんと確定している「安全な」データだけ扱いたくなる誘惑に駆られるときもあります。

それでも私は「不完全なデータでも可能な限り工夫して誤解なく伝える努力をするべき」と考えています。理由は2つあります。

1つは、データが可視化されないと、そもそもそのデータが不完全であることに気付けないからです。特に報道では、「データはあるけど信憑性が低い」と国民が気付けば、政治や行政もその声に対応して状況が改善される可能性があります。しかし「怪しいデータは載せない」判断にすると、そもそも「怪しいデータが存在する」こと自体に気づいてもらえません。

新型コロナ禍ではさまざまなデータが可視化されましたが、中には定義が曖昧なものや、集計が追いつかずブレが激しいものもあります。それでも報道機関や個人開発者などがいろいろなデータを可視化することによって、「このデータは本当に実態を反映しているのか」について議論が起こり、改善されるものもあるでしょう。

もう1つは、データが十分に可視化されていない場所にはデマが発生することがあるためです。たとえば2020年には「新型コロナ感染者のほとんどは外国人だ」というデマがそれらしいグラフとともに拡散されました。拡散に寄与しないように画像の掲載はしませんが、「日本人」「その他」の2つの要素が表示された棒グラフで、グラフ上は「その他」が多くを占めています。

しかし、このグラフは厚生労働省の発表を曲解したものでした。当時、厚生労働省はたしかに新型コロナ感染者の国籍を参考情報として掲載し、日本国籍と確認されたのはそのうち半分以下にとどまっていました。

問題はこの確認対象にあります。そもそも国籍は病院の受診や検査に必須の情報ではなく、参考情報として一部の自治体が発表したものを厚生労働省が掲載していたものでした。新型コロナが海外から流入を始めていた時期には感染経路の特定という観点から有効だったのでしょうが、確認・公表していない自治体も多く、厚生労働省も「多くは日本国籍であると推測されます」としています。問題のグラフは、この「未確認」を「外国籍と確認済み」と（おそらく意図的に）混同し、あたかもすべてが外国籍であるかのように示唆したものです。

これも、もし早めにデータが可視化されていれば、「未確認はあくまでも未確認であり、外国籍と類推することはできない」という認識が広がっていたかもしれません。デマと闘っていくためにも「可能な限り多くのデータを可能な限り多くの人に伝える」ことがデータ報道の重要な役割のひとつだと考えています。

第6章のまとめ

1）地図は頻繁に使われるデータ表現のひとつだが、地図に特有の誤解や印象の偏りもある。特に地図を色分けして分布や傾向を見る際には、視覚的な広さとデータの大小が不均衡になっていないか気をつける。

2）予想のデータを伝える際は、まず実績ではなく予想であることがわかるようにする。また、予想の確度がまちまちである場合は、そのグラデーションを視覚表現にも反映させる。

3）不完全なデータを可視化する際は受け手を誤解させないように注意する。注記を読まない人にも伝わるように、出来るだけ視覚表現だけ見ればわかるようにするのがよい。

第7章　データ可視化をどのように改良するか

この章では、制作したデータ可視化のダッシュボードやコンテンツを継続的に改良していくための視点や考え方について解説します。ユーザーの反応をどう取り入れるか、公開したデータ可視化をどう見てもらうかなど、主に「作った後」の話をします。

ユーザーの意見ではなく反応を見る

データ可視化のダッシュボードや報道コンテンツを作ると、きっとユーザーから多くの反応があるでしょう。第3章「データを編集する（理論編）」で書いたように、明確なコンセプトがあり、改良もそれに従って行われるのが理想ではありますが、現実はそうとも限りません。

私がいつも意識しているのは「ユーザーの意見はすべて正しいとは限らない、意見ではなく反応を見る」というものです。

あなたがデータのダッシュボードを使っているとします。その中にはデータを収めたグラフがたくさんあり、あなたはそのいくつかを特に業務で必要としています。この場合、あなたが使っていないデータでも他のユーザーは必要としているかもしれない。使っていないデータは意識に上らないので、なくそうとすら思わないかもしれない。そうすると「このデータを追加してほしい」という意見は出やすいですが「このデータを削除してほしい」という意見はあまり出ないでしょう。人の意見には、必然的に大なり小なりバイアスがかかります。

そもそも意見をフィードバックしてくれるユーザーは全体の中でもデータに関心が強く、知識量も多い。そのため、どうしても応用的なデータや高度な機能の追加に要望が偏りがちです。

しかし、こうしたユーザーの要望に従ってデータや機能の追加を繰り返していると、それだけ初見のユーザーに対して壁を作ってしまうことになります。何かのデータを見ようとしたが、一見して情報量が多すぎたり難解だったりして、早々に諦めてウェブページを閉じてしまった経験はないでしょうか。要素を増やせば増やすほどこのリスクが増してきます。

このケースが厄介なのは、データの追加と違ってユーザーからのフィードバックが望めないことです。10秒で閉じたページにわざわざ「わかりにくいので要素を絞ってわかりやすくしてほしい」などと要望を送るユーザーはいないでしょう。そのページやアプリのアクセス状況を見ても、直帰率（すぐに帰って=閉じてしまった人の割合）だけがじわじわと上がり、かつ要望は「もっと機能を増やせ！」というヘビーユーザーからの要望で埋め尽くされる、というのが最悪の状況です。

私自身が初見で「わかりにくい」と感じる例がテレビのリモコンです。私はテレビを持っていないため、ホテルや実家に泊まるたびリモコンの複雑さに戸惑います。様々な色のボタンがあったり、一見して機能がよくわからないボタンがあったりする。最終的に使うのは、ほとんどの場合、選局（チャンネルを選ぶ）と音量のボタンだけです。

要素を増やすことには社内外での反対も少ないため、開発する側としてもついつい頼りがちなのですが、要素の追加を繰り返すことで増築を繰り返した旅館のように複雑になってしまうリスクは常に頭に留めておくべきでしょう。

ユーザーの意見を「聞かなかった」例

実際にユーザーの意見を「聞かなかった」例を挙げます。新型コロナのダッシュボードを改修する際、「対数スケールを追加してほしい」という要望が出ました。２０２０年4月ごろのことです。要望を出してきたのは統計学の知識があると思われる大学教授など複数のユーザーでした。いわく、「感染者数は指数関数的に増加するので、対数スケールで見るべき」というものでした。

ここで解説しておくと、対数スケールとはグラフの目盛りが「10→１００→１０００」と等間隔で10倍になる増え方のことです。対数スケールは、グラフの値が非常に広範囲に及ぶようなケースで使われます。対数スケールと区別して「10→20→30」と増える通常のスケールは「線形スケール」と呼ばれます。「感染者数が指数関数的に増加する」とは、新型コロナのような感染症は1人が2人にウイルスを感染させ、2人が4人に、4人が8人に、……といった形で「足し算」ではなく「掛け算」で増えていくことを指します。

さて、対数スケール機能を追加すること自体はそれほど難しくありません。使っていたライブラリ（グラフを描画するためのプログラム）には対数を表現する機能もあったので、それを使えば実現できます。しかし私はかなり悩んだ上でこの意見を採用しませんでした。

第1の理由は、対数スケールを使ったグラフが果たして大多数のユーザーに理解されるかどうか、ということ。アクセス状況やSNSでの拡散を見る限り、新型コロナのダッシュボードは東洋経済オンラインのふだんの読者をはるかに超えて広く読まれていることがわかっていました。

翻って、要望を出してきたユーザーは統計学の知識があり、対数グラフなど当たり前のように使っているのかもしれませんが、少なくとも私たちの生活において日常的に対数が使われているとは言い難いでしょう。一般的に、グラフを読むときはまず線形スケールであることを前提に見ます。いきなり対数スケールを出されたら、線形であると勘違いするユーザーや、「目盛りが10から100に増えている、おかしい」とクレームを入れてくるユーザーもいるでしょう（当時は外出自粛のストレスからか社会全体がピリピリしており、会社にもひっきりなしにクレームの電話や問い合わせのメールが届いていました）。

第2の理由は、「数字の増え方によってスケールを変える」ことがデータを読み解く上で必須だと思えなかったことです。対数スケールを要望してきたユーザーが述べる理由は「感染者数が指数関数的に増えるから」であると先ほど書きました。しかし、そもそもデータの増え方に合わせてグラフのスケールを変える必要はあるのでしょうか？「小さな数字が見づらい」といった実務的な問題が生じているのであれば検討の余地はありますが、別にそうでもない状況でわざわざ「データに目盛りを合わせる」必要性を感じませんでした。

第3の理由は「コロナは風邪」派の印象操作に使われる危険性があったこと。「コロナは風邪」派とは、「新型コロナは風邪程度の恐ろしさでしかなく、マスクや自粛要請は不要」とする思想をもった人々のことです。彼らの中には陰謀論めいた極論を発信する人も多く、今となっては笑い話ですが、私の作ったダッシュボードのスクリーンショットをシェアして「これは政府が隠蔽しているデータだ」と紹介されることもありました（もちろん実際には厚生労働省が公表しているデータです）。

対数スケールでグラフを表現した場合、感染者の増加具合は見た目上で緩やかになります。これを利用して印象操作に使われるかもしれない、と考えました。

結果として、私はダッシュボードに対数スケールを採用しませんでした。国内外の報道機関の動向も見ながら再度検討しようと思っていましたが、本稿執筆時点（2022年12月）で国内の全国紙や在京キー局で対数スケールを採用しているウェブサイトはなく、海外でもニューヨーク・タイムズや英国のガーディアンなど主要メディアは線形スケールのみで表示しています。

この判断の後、私の懸念を裏付けるような研究が発表されました。新型コロナの数字を見る際、使われるスケールによって受け取り方が変わるという実験結果です。イェール・ロースクールの研究者たちは、グラフのスケールとデータの認知との関連を検討するために、同じデータ（新型コロナの米国における死亡者データ）を線形スケールと対数スケールでそれぞれ実験協力者に提示しました。その結果、対数スケールを示されるとデータの理解度が落ち、感染対策への考え方についても楽観的になりました。論文では「マスメディアや政策立案者がパンデミックの状況について報告する際は、線形スケールを表示するか、少なくともデフォルトでは線形スケールを表示すべきである」と推奨しています（図7－1）。

真摯な制作者ほど「ユーザーの要望に応えたい」と考える気持ちは理解できます。ただ、本当にユーザー全体のためになるか、コンセプトからのブレはないか、要望を受け取った

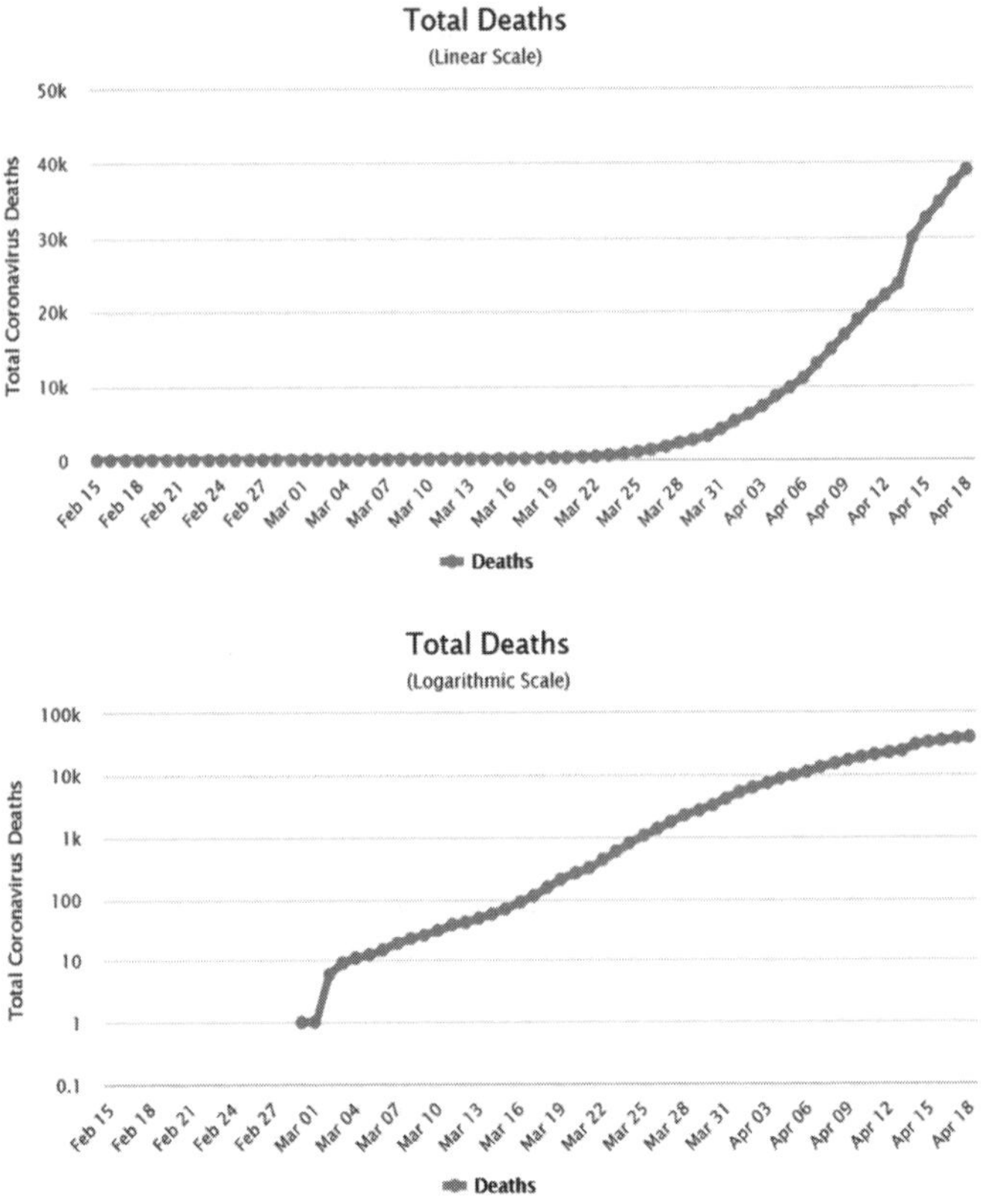

図7-1　米国における新型コロナの累計死者数。(上) 線形スケール、(下) 対数スケール

Romano, A., Sotis, C., Dominioni, G., & Guidi, S. (2020). The scale of COVID-19 graphs affects understanding, attitudes, and policy preferences. *Health Economics* (United Kingdom), 29(11), 1482–1494.

際は冷静に検討することが重要です。

参考にするのはユーザーの「属性」ではなく「熱量」

ユーザーの意見は聞かないと先ほど書きましたが、もちろんユーザーからのフィードバックはデータ可視化の改善に極めて重要です。ただしその際に見るのは「反応」です。

まず第1がアクセスのデータです。ウェブページやアプリなら「Googleアナリティクス」などの解析ツールを使うことで「ユーザーがどれだけそのページに滞在したか」「ページ内のどのボタンが押されたか」などを計測することができます。これを活用することで、活用されているデータとそうでないデータを峻別したり、使われていない機能を炙り出すことが可能になります。

たとえば新型コロナのダッシュボードは当初全国のグラフだけを載せていましたが、後に都道府県別のデータを追加しました。かなり大きなデータの追加だったので、先にも書いたようにひっそりとユーザーが離脱してしまわないか心配でしたが、結果的にアクセスは減ることなく、ユーザーの平均滞在時間も大幅に増加しました。全国のデータとあわせて都道府県のデータも見られていることがわかり、安心した記憶があります。

もうひとつ見る「反応」が、意見ではないユーザーのコメントです。たとえば直接的に

「○○のデータがほしい」とは言われなくても、SNS上で「東洋経済のデータを○○と組み合わせて考えると……」といった形で、ユーザー自らがデータに応用的な分析を加えることがあります。特にそのコメント自体が多く「いいね」されたりシェアされている場合、間接的に多くの人がその機能を欲していることがわかります。

逆に、ユーザーの年齢や性別、社会的属性といったデモグラフィック指標はあまり参考にしません。もちろんそれらの指標がデータに対するユーザーの理解につながることもありますが、データ可視化を作るにあたってはユーザーが持っている知識やデータに対する熱量のほうがずっと影響が大きい。「ユーザーがデータの内容について詳しく知っているか」「ユーザーがそのデータを見るのは興味本位か必要に迫られてか」といった要素の方が、マス（集団）としてのユーザー指標よりも重要だと考えています。

公開したデータ可視化を見てもらうコツ

あなたがデータ可視化のコンテンツを社会に公開するとき、ページビューやシェア数といった「成果」を上げることは簡単ではありません。データ可視化はデータの処理からデザイン、解説文章まで仕上げようとすると制作に時間がかかり、時事的な話題に即応することが難しいですし、短期間に量産することも困難です。また、いくら時間をかけても必ずヒットするとは限りません。私自身も、何ヵ月もかけて作ったデータ可視化がほとんど反応を得られず肩を落としたことが何度もあります。それでも、いくつかの工夫で注目を増やすことは可能です。

まず第1に考えるのは公開タイミングです。データ可視化は時事的なトピックに対応しにくいということは、話題になったタイミングで素早く公開するのではなく、あらかじめ話題になりそうなタイミングを予測する必要があります。「いつでもいいから公開する」ことと「少しでも注目されそうなタイミングで公開する」ことには大きな違いが出ます。

たとえば年に1度発表されるデータであれば、おそらく発表直後が最も注目されるでしょう。発表直後には「政府発表によると◯◯が5％増」といった文章による速報記事が公開されるはずです。そして読者が「このデータ、もう少し詳細に知ることはできないのかな」と考えたときにタイミングよくコンテンツを提供できればシェアされる可能性が大幅に増すはずです。

定期的に公開されるデータであれば、急にデータ形式が変更されることは稀です。あらかじめ過去のデータを見てプログラムやデザインを作り込んでおき、最新データが発表されたタイミングでデータを更新して公開するとよいでしょう。

他にも、私はよくＧｏｏｇｌｅトレンドを参考にしています。Ｇｏｏｇｌｅトレンドとは、

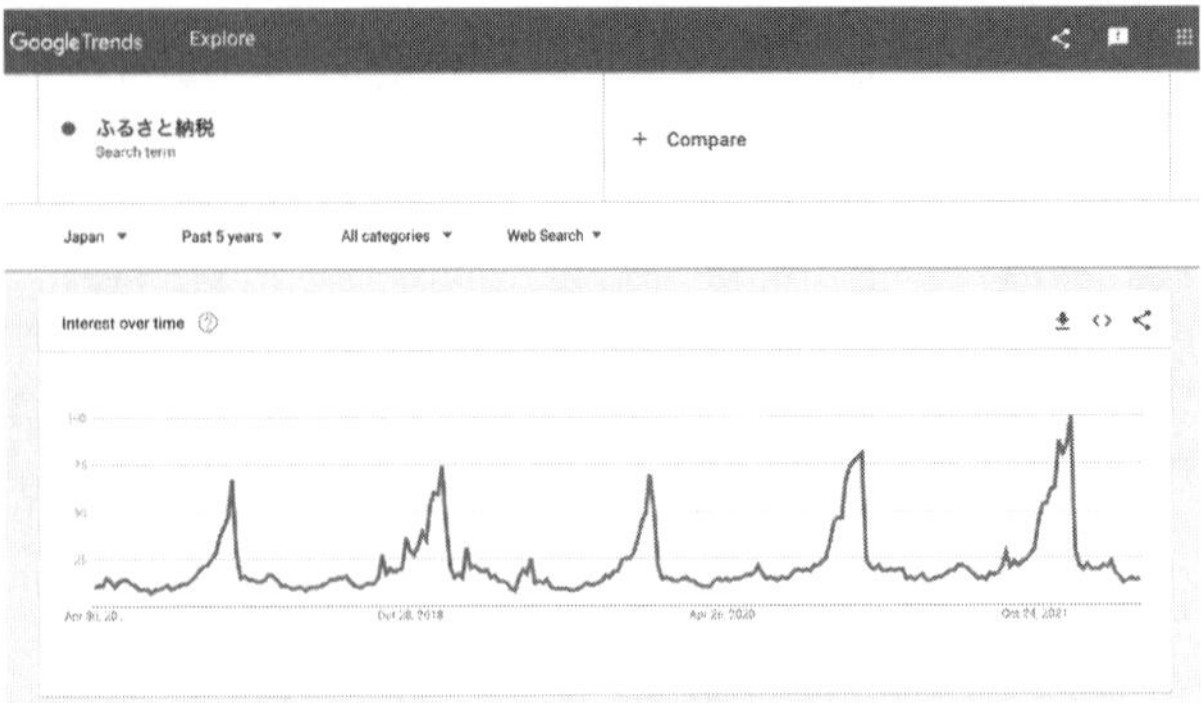

図7-2　Googleトレンド「ふるさと納税」の検索結果（過去5年）

ある単語がGoogleで検索された量を相対的な量（最大値を100とした相対的な検索量）で最大2004年から確認できるサービスです。

一例を挙げると「ふるさと納税」という単語は毎年の年末に大きく検索ボリュームを上げています（図7－2）。

ふるさと納税は毎年12月31日がその年の納税枠の区切りであり、枠が余っている人の「駆け込み需要」を反映した検索だと考えられます。つまり「ふるさと納税」に対する世間的な関心が上がる時期は年末だと言えます。

例年、ふるさと納税に関する統計データは7月〜8月に総務省から公開されています。もちろん公開直後に発表するのもよいですが、私はあえて12月下旬まで待ってデータ可視化を公開したことがあります（図7－3）。

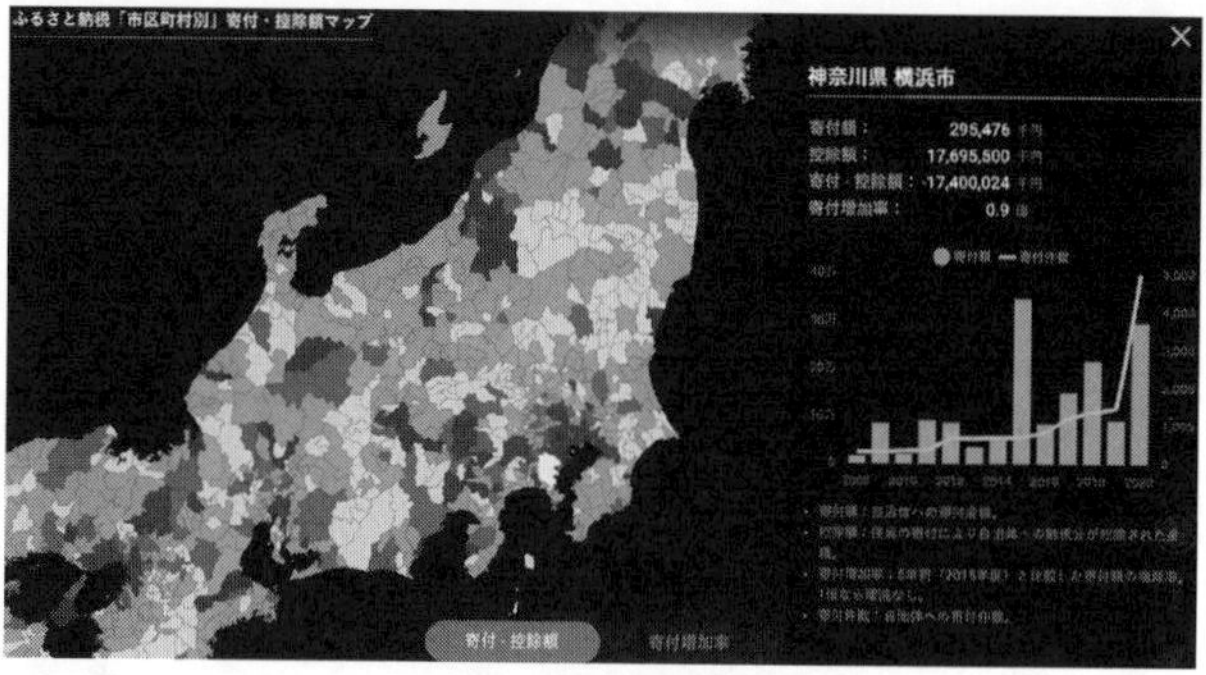

図7-3　スマートニュース メディア研究所
「ふるさと納税『市区町村別』寄付・控除額マップ」

この工夫のおかげか、すでに発表されていた他社のふるさと納税データ可視化コンテンツよりもフェイスブックやツイッターで多くのシェアを獲得することができました。他にも「暑く／寒くなってきたら気温に関するデータ」「クリスマスやバレンタインデーが近づいたら恋愛に関するデータ」など、たとえ時事性のなさそうなデータであっても、長期的なスパンで見れば社会的な関心が増すタイミングは必ずあるはずです。

注目度を上げる方策の2点目が、画像をシェアしやすくすることです。

動画やインタラクティブなデータ可視化は体験できる環境が限られますが、画像はどんな端末でも表示でき、SNSでもシェアしやすい。動画のスクリーンショットやテキストが画像でシェアされることも珍しくありません。そこで、地図やグラフ画像をダウンロードできる機能や、ワンクリックでSNSにシェアする機能をつけておくことで、シェアを促すことができます。

現在のスマートフォンブラウザには純正のSNSシェア機能がついていますが、ワンクリックでシェアできるボタンを別途用意することをお勧めします。自分でボタンを実装する方がシェアする際のテキストといった設定を自由につけられますし、純正のシェア機能は色々な機能があって慣れていないと混乱しやすいものです。

また、画像はなるべく正方形に近づけるのがよいでしょう。パソコンに慣れた目だと画像は横長（たとえば16対9など）にしがちですが、モバイル端末では縦長の方が見やすいですし、インスタグラムなどサムネイルが正方形で表示されるSNSもあります。OGPイメージ（ツイッターやフェイスブックなどでURLをシェアする際に表示される画像）など縦横比が決まっているもの以外は、なるべく正方形に近い方が汎用性が高くなります。

第7章のまとめ

1）ユーザーの意見は必ずしもユーザーの総意を反映しているとは限らず、どうしても「詳しい人の意見」や「データや機能を追加する意見」に偏りがちになる。寄せられた意見が本当に全体のためになるか、よく吟味する。

2）ユーザーの意見ではなく反応や行動を見るのも有効な手段。ウェブサイトであればアクセス解析ツールを使うのもよい。

3）公開したデータ可視化を見てもらうには、まず最も注目されそうなタイミングを考える。また現代ではＳＮＳでシェアしやすい工夫をすることも重要。

第8章　炎上や誤解を避ける

データ可視化は情報やメッセージを伝えるための優れた手段ですが、使い方を誤ると差別や偏見を助長することがあります。この章では、実際の炎上事例などをもとに、差別や偏見を生まないためのデータ可視化の作り方を解説します。

社会に向けてデータ可視化を公表する方はもちろん、多様なバックグラウンドの従業員が働く会社でデータを扱う人にも必須の知識です。

地理的な差別や風評被害に注意する

ネガティブな情報を扱って可視化を行う際は、特定の地域に対する差別や風評被害に結びつかないかどうかに注意します。

通常、地図と組み合わせてデータを可視化する際は、数値が特に高い／低い地域が視覚的に目立つようにデザインを行います。そうすることで地理的な傾向が把握しやすいからです。しかしデータ自体がネガティブなもの（たとえば犯罪発生率や自殺率など）である場合、その扱いはより慎重にすべきです。

新型コロナの感染状況も同じです。東洋経済オンラインでダッシュボードを公開した2020年2月当時、日本国内で感染者数が最も多かったのは東京でも大阪でもなく北海道でした。厚生労働省の統計によると、2020年2月29日までの検査陽性者数（感染者数）

は北海道が70人、愛知県が29人、神奈川県が24人、東京都が21人と、現在の感覚からすれば微々たる差ではありますが、大都市圏を引き離して北海道が多い状態でした（ニセコのリゾート地などに外国人観光客が多く滞在していたためと考えられています）。2月28日に北海道は日本で初めて独自の緊急事態宣言を発出しました。

ここで地域の感染状況をことさらに強調すると、地域の居住者に対する差別や風評被害を引き起こす恐れがあると考えました。また、感染者数の差が絶対数で見てまだ少なく、いたずらに地域差を強調することが躊躇《ためら》われました。

そこで私が取った方法が「あえて可視化の解像度を下げる」です。地図の色を細かく区別することは避け、最初は「感染が報告されている都道府県」とタイトルをつけて「累計の感染者数が0か1以上か」だけを基準としました（図8－1）。

感染が全国に広がった後も、色で細かく分けることはせず、中央値で2段階に分ける程度にとどめました。第3章「データを編集する（理論編）」でも触れましたが、東洋経済のダッシュボードは「不安を煽らないこと」をコンセプトのひとつとしていました。そのため、ダッシュボード全体で見ても赤や黄色といった強調色を避け、グラフと同じ青緑色を中心とした配色としました。また色の展開も可能な限り抑えています。

地図表現は地理的な傾向や自分の住む地域の相対的な立ち位置がわかりやすい便利な可

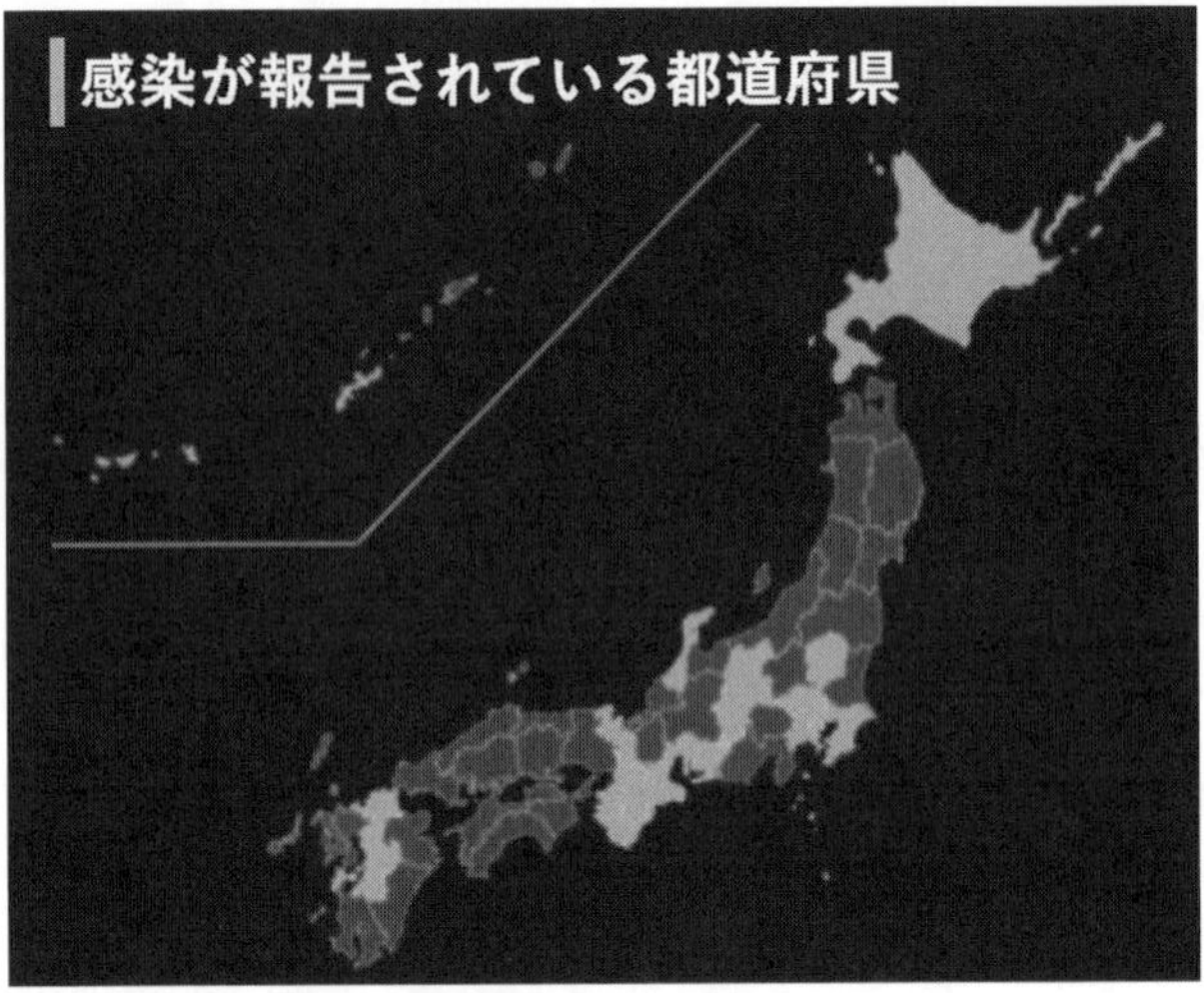

図8-1　公開当時の地図表現
（画像：東洋経済オンライン「新型コロナウイルス 国内感染の状況」）

視化手段ですが、「〇〇に感染者が多い」といったネガティブな情報が拡散すると、住民や出身者への差別や風評被害につながりやすいものです。実際、感染が拡大していたところにはＳＮＳで北海道出身者への差別的な言動も散見されました。

こうした被害の最も酷いパターンが、東日本大震災のときに福島県が受けた風評被害でしょう。悪意をもってデータを捉えるユーザーを完璧に防ぐことはできませんが、ここに挙げたような工夫で和らげることはできると考えています。

知らないうちにステレオタイプを助長していないか

ステレオタイプ、すなわち偏見や先入観を助長していないかどうかも、広く受け入れられるデータ可視化を作る上で重要なポイントです。

データ可視化で最も重視される要素のひとつは「わかりやすさ」ですが、わかりやすさを追い求めるあまり特定の人々に対するステレオタイプを知らず知らずのうちに利用しているケースがあります。

最もありがちな例が性別の色分けです。日本では男性＝青、女性＝赤・ピンク、という色分け意識が根強いですが、もちろんすべての男性が青や黒を好むわけではないし、同様にすべての女性が赤やピンクの服を着るわけではありません。ジェンダーによるステレオタイプを助長しないためにも、男性・女性の区別は別の色で行うほうがよいでしょう。

一例として、私は「男性＝暗めの緑色、女性＝明るめの黄色」で性別を表現することがあります。緑色と黄色は、たとえば青と赤のように「寒い・暑い」「低い・高い」といった暗黙の意味を持たないため、フラットな関係にある2つの要素を表現するのに便利な組み合わせです。明るさ（明度）に差をつけることで、色を読み取りづらい方であっても視認しやすくなります（図8－2）。

他の例として、たとえば「Ｇｏｏｇｌｅ アナリティクス」というウェブサイトやスマー

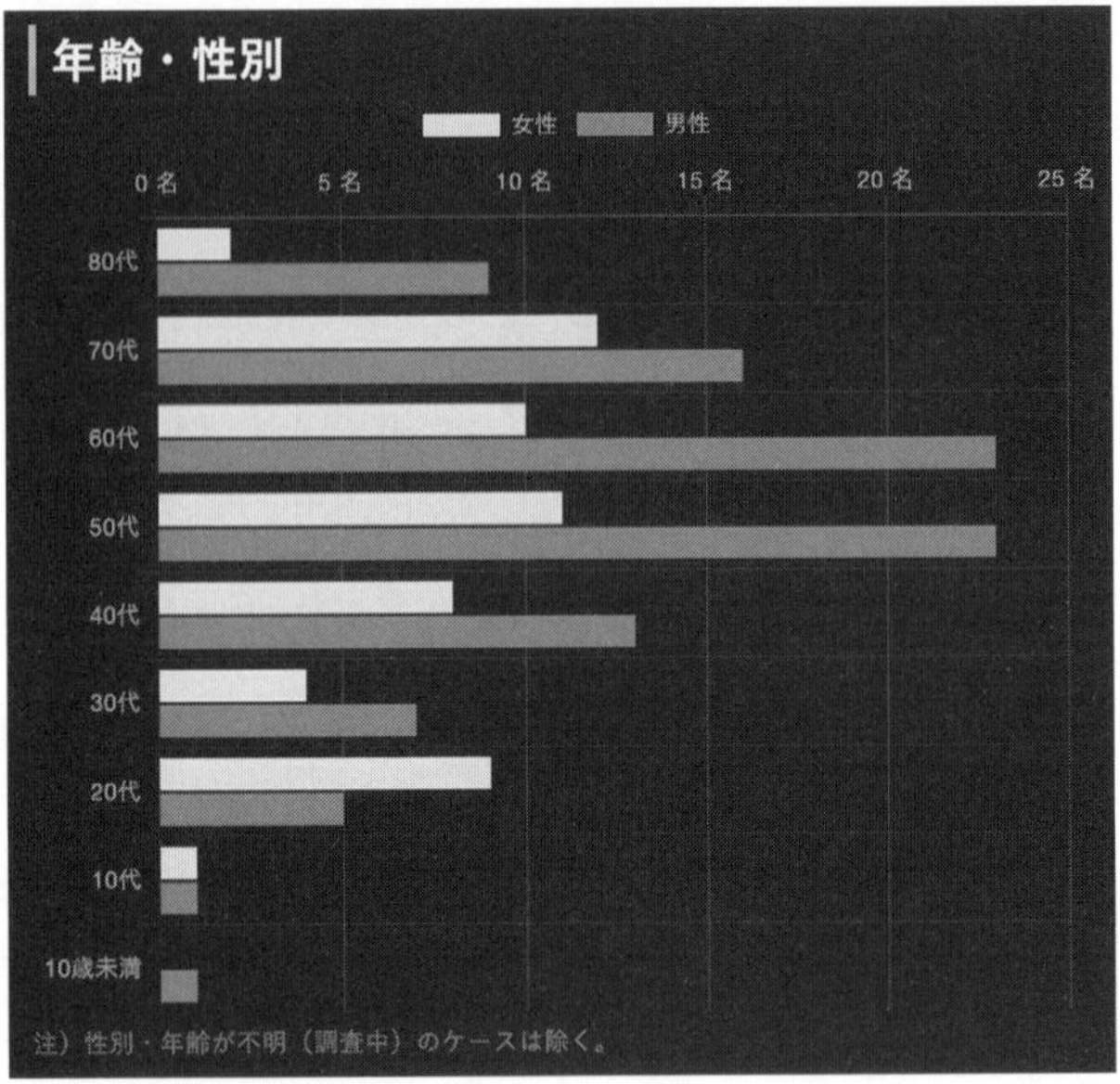

図8-2　公開当時の年齢・性別
（画像：東洋経済オンライン「新型コロナウイルス 国内感染の状況」）

トフォンアプリのアクセス状況を計測するツールでは、各種のグラフは青系の色に統一されており、性別のグラフも男性は薄い青色、女性は濃い青色に設定されています。このように同系色でまとめるのもステレオタイプを助長しないデザインとして有効です。

　ここまで読んで、「男性＝青、女性＝赤にしないと一目でわかりにくいのでは？」と疑問を持たれる方もいるかもしれません。実を言うと私も数年前はこの方針に自信がなく、「わかりにくければ青・

赤でよいと思う」と曖昧に答えていました。それでも何度かデータ可視化において青・赤を使わずジェンダーを表現してきて、「性別の配色がわかりにくい」という指摘を受けたことは一度もありません。凡例やラベルが適切に設定されていれば、見間違える恐れはないと思ってよいでしょう。

念のため付言しておくと、これは「あらゆる場所で男女の色を青・赤にしてはいけない」ということではありません。たとえばトイレの標識のように「遠くからでも一目で視認できること」が何よりも重視される場面では、わかりやすい表示方法を優先すべきです。最も重要なのは、わかりやすさ・見やすさとその他の要素のバランスです。

データ可視化はわかりやすさの点において、数字そのものや文章よりもはるかに速く、直感的にユーザーに伝えることができます。だからこそ、暗黙的な先入観や偏見を基にしていないか制作者は気をつける必要があります。

個人情報の暴露に使われたデータ可視化

「何を可視化するか」と同じく「何を可視化すべきでないか」を考えることは重要です。私自身は、世の中にあるすべてのデータがオープンになるべきとは考えていません。差別や偏見につながる可視化に加え、公になることで特定の人々に不利益をもたらすデータもあります。センシティブな扱いが必要なデータまで無造作に公開するとトラブルを引き起こすことがあります。ここでは過去に起こったデータ可視化の「炎上」事例を3件挙げます。

1つ目はアメリカの事例です。2012年、ニューヨーク州の日刊新聞ジャーナル・ニュース（The Journal News）が「マップ：あなたの近くの銃保持許可証はどこにある？（Map: Where are the gun permits in your neighborhood?）」という記事を公開しました。記事ではGoogleマップの地図共有機能を使い、ニューヨーク州ウェストチェスター郡およびロックランド郡における拳銃の所持許可証を保有している人の氏名と住所およそ3・3万件を閲覧可能にしました（図8－3）。

その10日ほど前にはコネチカット州サンディフック小学校において計26名が犠牲になった銃乱射事件が起きていました。このコンテンツはサンディフック小学校の事件を受けて公開されたものです。データは郡への情報公開請求によって取得され、ニューヨーク・タイムズによるとページには100万件以上のアクセスがあったそうです（https://www.nytimes.com/2013/01/07/nyregion/after-pinpointing-gun-owners-journal-news-is-a-target.html）。

しかし、このマップはプライバシーの侵害だとして厳しい批判に晒されました。当初ジャーナル・ニュース側は、銃保持者の情報は公益にかなったものであると反論していましたが、批判はますます加熱し、ついには報復としてジャーナル・ニュースの編集部員やス

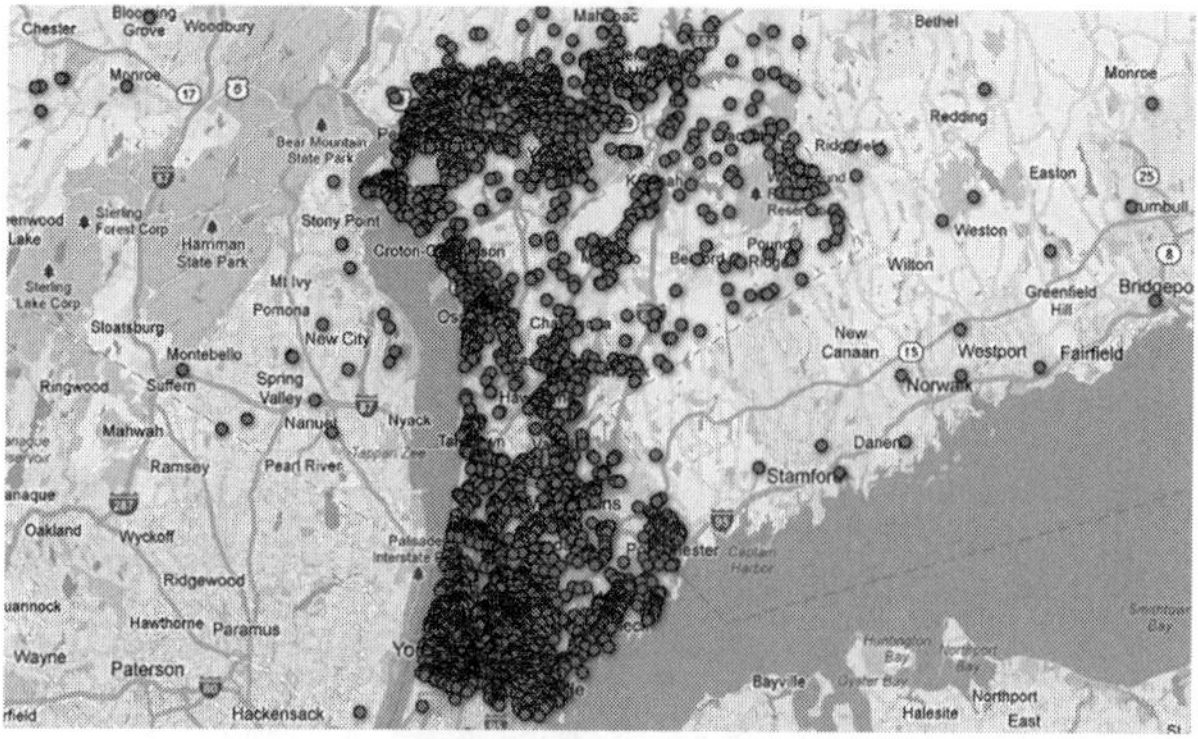

図8-3　The Journal Newsのマップ

（ページはすでに閉鎖されているため、画像はCNN "Newspaper removes controversial online database of gun permit holders" より取得した）

タッフの氏名と住所が同じようにマップで公開されるまでに至り、記事は削除されました。

ウィスコンシン大学マディソン校のキャスリーン・カルヴァー助教（当時）は論考「ジャーナル・ニュースは銃保持者マップのどこで間違ったのか（Where the Journal News Went Wrong in Mapping Gun Owners）」にて、個別の氏名と住所を公開することは、たとえば銃の窃盗のターゲットになるといった害があると指摘した上で、同紙が主張する公益性を考えるのであれば、たとえば地区ごとに人数を集計するといった処理で簡単にリスクを最小化できたのではないかと論じています（http://mediashift.org/2013/02/where-the-journal-news-went-wrong-in-mapping-gun-owners053/）。

似た事例が日本にも存在します。２０１９年３月、「破産者マップ」と題されたウェブサイ

図8-4　「破産者マップ」のスクリーンショット

(ページはすでに削除されているため朝日新聞「破産者の実名、地図化のサイト閉鎖　管理者『思い形に』」(2019年3月22日付)より取得。個人情報にかかわる部分は朝日新聞によってモザイク処理がかけられている)

トが公開されました。ジャーナル・ニュースの事例と同じくGoogleマップを使ったこのサイトでは、自己破産を行った人の住所と氏名が閲覧できる状態になっていました(図8－4)。

自己破産者の情報は官報に掲載され、冊子形式またはインターネット上でも閲覧することができます。破産者マップはこの情報を解析し、マップ形式にして公開したものです。

このサイトがSNSなどで話題になったのは3月15日ごろです。直後、マップに掲載された破産者向けの削除申請フォームが運営者によって設けられましたが、そこでも身分証明書の写しをアップロードするよう求めたり、「破産に至った事情」を200文字以上で提出させたりと理不尽な要求が目立ち、SNSでは「炎上」状態となりました。

マップの公開日時は判然としませんが、運営者と見られる「破産者マップ係長」を名乗るツイッターアカウント（以下、便宜的にこのアカウントを「運営者アカウント」と呼びます）によると、公開当初は「1日0アクセス、多くても5アクセス程度だった」ものが、3月17日には「1時間あたり230万アクセス」に達したとしています。

「破産者マップ」の顚末は、当然ながら多くのメディアで批判的に紹介されました。また「破産者マップ被害対策弁護団」の発足、政府の個人情報保護委員会による行政指導などを経て、3月19日にはサイトが閉鎖。運営者アカウントでもその旨が告知されました。

なお騒動はこれで終わったわけではなく、2021年9月にはプライバシー権や名誉を侵害されたとして、「破産者マップ」に氏名や住所を掲載された2人がサイト運営者に対して訴訟を起こしています。また2022年6月には「新・破産者マップ」と題したサイトが公開され、掲載停止を希望する個人に対して金銭を要求するなど悪質さを強めています。

さて、運営者アカウントは「破産者の住所や氏名の公表について、仮にプライバシーの侵害だというのであれば、破産者マップは官報と同等」「公開されている破産者の情報の表現方法を変えるだけで、これほど多くの反応があるとは思わなかった」「官報で公開するのと、グーグルマップで公開するのとでは何が違うんでしょうか？」などと発言し、自身の責任を繰り返し否定しています。

データ可視化は「新しい情報かどうか」ではなく「何を伝えるか・何が伝わるか」が重要です。したがって、その可視化で使われるデータが他で公開されているかどうかにかかわらず、ユーザーにとって価値が発生したり、逆にこの破産者マップのように悪い意味で話題になることもあるでしょう。きちんと使えば社会的に大きな意義があることの裏返しとして、悪意のある使い方をすれば他人を傷つけることになります。「データを組み替えているだけだからこちらに責任はない」とは考えず、結果としてユーザーにどのような伝わり方をするかを考えることが重要です。

悲劇的な出来事を美しく可視化することの是非

データ可視化では美麗なグラフィックを駆使することでデータへの注目を集めることがありますが、ときに不幸な出来事を無闇に美しく可視化して批判を生むケースもあります。

２０１３年、イギリスを拠点とするグラフィック・デザイナーのマシュー・ルーカスは、１９４５年に広島に落とされた原爆にまつわる一連のインフォグラフィックを発表しました。「ヒロシマ・マッシュルーム（Hiroshima Mushroom）」「ヒロシマ・レティクル（Hiroshima Reticle）」「ヒロシマ・アトム（Hiroshima Atom）」とそれぞれ名付けられたグラフィック・アート作品では、ヴィルヘルム・レントゲンによる１８９５年のX線発見から広島への原爆

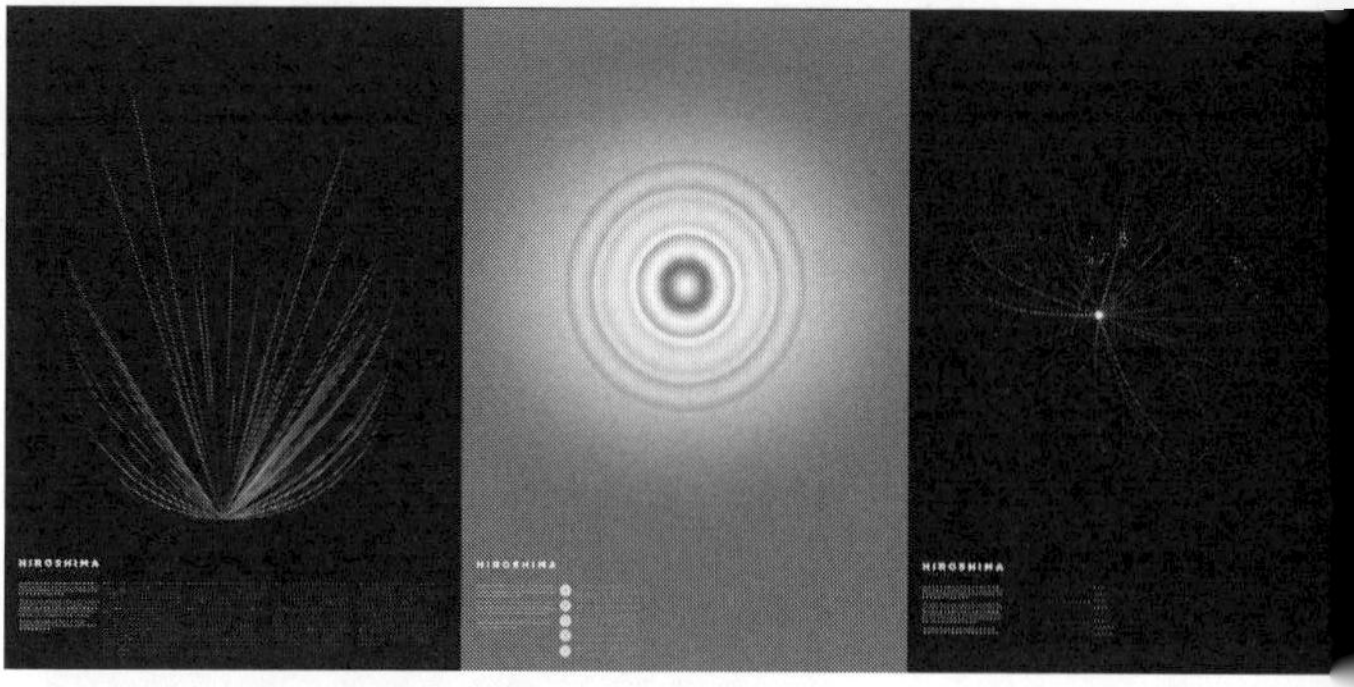

図8-5 “Hiroshima Visualized”の３作品

投下に至るまで、放射線やウランに関する歴史的出来事が、それぞれ原爆のキノコ雲、上空から見た爆心地の光景、ウラン原子をモチーフとした抽象的なグラフィックで表現されています（図８－５）。

ルーカスは科学系メディア「ポピュラー・サイエンス（Popular Science）」のインタビューに対して「原爆投下だけではなく、それに至るまでの過程を描いた作品にしたかった」と答えています（https://www.popsci.com/technology/article/2013-08/infographic-hiroshima-triptych/）。

これに対し、アメリカのビジネスメディア「ファスト・カンパニー」の記者マーク・ウィルソンは「恐ろしい出来事に関して無闇に美しいビジュアライゼーションを作らない理由（Why You Don't Make A Mindlessly Beautiful Visualization Of A Horrific Event）」（２０１５年８月７日付）と題した記事中で同作品を批判し

FAST COMPANY LOGIN

08-07-15

Why You Don't Make A Mindlessly Beautiful Visualization Of A Horrific Event

One artist depicts the horrors of Hiroshima in a beautiful fashion, while experts unpack why it feels so wrong.

BY MARK WILSON 1 MINUTE READ

70 years ago, the United States dropped the first nuclear bomb on Hiroshima, killing anywhere from 90,000 to 166,000 people in the process. Graphic artist Mathew Lucas created a series of visualizations to, as he explained to *PopSci*, "highlight" the events.

The work is unique for sure. The first piece is basically a reverse-blooming timeline, in which several events (from the discovery of X-rays to the development of plutonium) converge into a single point that is the first atom bomb. The second charts the bomb's casualties in relationship to the blast radius as the glowing reticle from the Enola Gay. The final piece depicts the global research on the atomic bomb, which converges, as a Uranium-235 atom, onto Hiroshima itself.

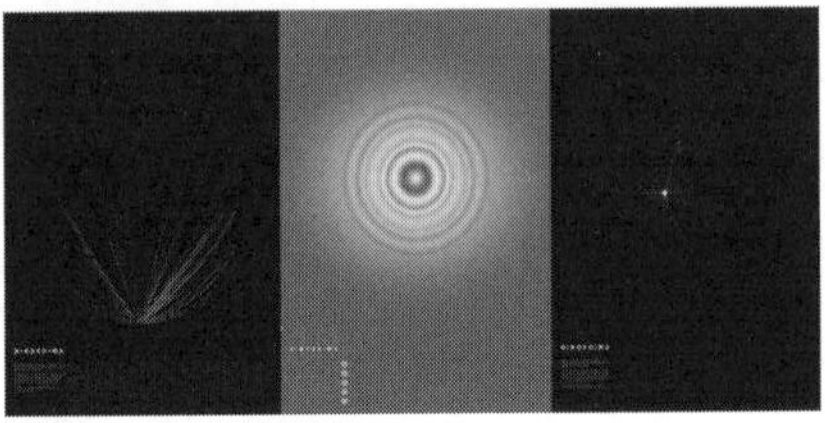

VIA POPULAR SCIENCE

MORE LIKE THIS

Ryan Reynolds taunts Disney with 'Winnie-the-Screwed' ad as copyright battles heat up

Delicious plant-based fried chicken is coming to KFCs nationwide

The telehealth bubble has burst. Time to figure out what's next

図8-6 "Why You Don't Make A Mindlessly Beautiful Visualization Of A Horrific Event"

ています（図8－6）。

記事ではルーカスの作品に対して「知的に描かれた魅力的な作品であるが、違和感がある」と前置きした上で、作品に関してツイッター上で起こったデータ可視化のクリエイターや研究者たちの議論を取り上げます。そして「ルーカスによる広島のグラフィック作品が私たちを悩ませるのは、恐ろしい出来事を美しく描いているからだけではない。これらの作品は究極的には無神経なものであり、実際に悲劇に何らかの新しい洞察をもたらすよりも、自らの巧妙で美的な機構に耽溺している」と結論づけています。

言うまでもなく、広島や長崎への原爆投下は人類史上で唯一の核攻撃であり、夥しい数の民間人が亡くなった無差別大量殺人です。広島市では、放射線による急性障害も含めて1945年12月末までに約14万人が亡くなったと推計しています（https://www.city.hiroshima.lg.jp/soshiki/48/9400.html）。そのような事象を無邪気に美しく可視化することが「無神経なもの」と批判されることは想像にかたくありません。

絵画や写真などと同様に、データ可視化は決して価値中立的な表現手段ではありません。しばしばフィクション作品では、味方は整った顔立ちで、敵は醜く描かれます。何らかのトピックを美しく表現することは、ユーザーに暗黙的な価値判断を提供することがあります。

もちろん「悲劇的な出来事を美しく可視化してはいけない」ということではありません。データを広く伝えるにあたって、視覚的な要素を整理し、ユーザーの注意を喚起したり、惹きつけたりすることは非常に重要なステップのひとつです。そうではなく、悲劇的な出来事の悲劇性を忘れて美しく可視化してしまい、結果として美しさだけが印象に残ることが問題だと私は考えています。

たとえば自殺、いじめ、性犯罪といったセンシティブな話題に関しては、一般的なデータよりもずっと慎重な扱いが必要です。

データではなく「伝わるもの」をベースに考えよう

ここまで様々な炎上の事例を紹介してきました。こうした炎上を避けるためには「データではなく、可視化によって伝わるものをベースにする」ことを考えるとよいでしょう。いかにデータに誤りがなかったとしても、差別やステレオタイプを助長するような伝え方・切り取り方は許されません。

ひとつ極端な例を出します。「パンは危険な食べ物である。犯罪者の98%は日常的にパンを食べている」というジョークがあります。正確な出所は不明ですが、少なくとも2005年の時点では存在したネットジョークです。類似のジョークに「水を飲んだ人間は例外なく120年以内に死ぬ」といったものもあります。もっともらしい語り口だが内容はごくごく当たり前、というのが面白さのジョークですが、データによる事実とそれに関する印象の偏りを端的に示すよい例です。

仮に「犯罪者の98％は日常的にパンを食べている」が事実だとしても（直感的にはありえそうに聞こえます）、「パンは危険な食べ物だ」という結論にはつながりません。多くの人が日常的にパンを食べるでしょうし、同様の主張は他の食べ物（たとえば米など）についても言えるからです。私自身は日常的にパンを食べていますが犯罪に手を染めたことはありませんし、日本に住んでいれば多くの人がパンも米もパスタも日常的に食べているでしょう。

統計的に事実であることやデータが正確であることは、そこから受ける印象が偏っていないことの保証にはなりません。今回の事例はジョークなのでわかりやすく、結論も微笑ましいものですが、「○○人は犯罪率が高いから危険」「○○県では△△病の感染率が高いから危険」といった短絡的な「データ分析」はSNSなどを見ると決して少なくありません。

似たようなケースに「統計的差別」があります。これは過去の統計データをもとにした、人の属性や所属に対する差別を指します。たとえば「過去のデータによると女性の離職率が高いため、今後は女性の採用を抑制する」といった例です。過去のデータをもとにしていることから合理的な判断であると正当化されやすいのですが、その人の資質ではなくカテゴリーで判断していることから差別の類型のひとつとされています。

データに基づいた主張は、決して偏見や先入観と無縁ではありません。特に人の属性（年齢、性別、国籍、居住地など）と犯罪や病気といったネガティブなトピックを組み合わせる際には、データを見せること自体がどのような印象を及ぼすかに注意する必要があります。

誠実にデータを伝えるためには

データ可視化において、デザインや実装などのクオリティと並んで重要なのが「誠実さ」です。データ可視化は、やろうと思えばかなり悪どい方法でユーザーの印象を操作することができてしまいます。そして悲しいことに、そのような事例は枚挙にいとまがありません。

こう書くと綺麗事のように映るかもしれませんが、ユーザーが安心して使える誠実にデータを提供することで、中長期的にデータ活用や社会における可視化の普及が進むと考えています。

データ可視化における誠実さとは何でしょうか。「誤解を招かないようなデザインにすること」「可能な限り偏りを避けて合理的な結論を導くこと」などは当然の前提として、同じくらい重要なのが**「ユーザーによる検証可能性を確保すること」**です。具体的には、データソースをユーザーが直接確認したり、データ可視化の加工方法や分析過程が妥当かどうか検証することです。

日本でもデータ報道という言葉が徐々に普及してきたとはいえ、まだまだ新聞やテレビの報道では「総務省によると」という一言でデータの出所が終わってしまう場合も少なくありません。これではユーザーが実際にデータを触ってみたくなっても出典が不明ですし、そもそも公開されているデータなのかどうかもわかりません。

「出所や加工の過程は明かせないけれどきちんと分析したから信頼してほしい」というデータ可視化と「出所も加工の工程も明示したから不安であれば検証してほしい」というデータ可視化では、やはり後者の方がビジネスでも報道でも信頼されるのではないかと思っています。

ではユーザーの検証可能性を確保するにはどうするか。第1に、元データにアクセスできるようにすることです。ウェブであればリンクでデータソースに遷移するのが最も早いでしょう。元データがウェブにない場合は、スキャンしてファイルストレージ（たとえばGoogleドライブなど）のリンクを使うことも可能です。

画像や動画など、リンクを置くことができないメディアであれば、「出所：総務省『人口推計』より2022年1月1日時点の30～39歳人口（2022年2月19日取得）」といった形で、出所となるデータの項目まで詳しく書きます。取得日を書くのは、後日データが修正されたり削除されたりといったケースに備えるためです。データを格納するファイルや、「ウェブ魚拓」といったサービスでウェブサイトのバックアップを取っておくと万が一の事態にも対応できます。

第2はデータの加工方法を明記することです。計算や集計方法、解析や可視化に使ったソフトウェアなどを説明します。手順を逐一書き記すのは手間ですが、データの出所と加工方法を見ればユーザーが自分で可視化を再現できるようにすることが目的です。

第3に、継続的にデータ更新や修正を行う場合、その履歴を明記すること。たとえばSNSに貼られたスクリーンショットと現在のデータが異なる場合や、何度もリピートしてデータを見るユーザーのことを考えると、更新や修正の履歴はどこかで見られる方がよいでしょう。

履歴は必ずしも本文やデータ可視化のページから直接見られなくても構いません。たとえばページ末尾に「修正履歴はこちら」といったリンクをつけて、履歴の一覧は遷移先のページで表示させる、といった形でも問題ないと思われます。

これらの対応はユーザーのためだけでなく、データを可視化して公開する自分自身にも役立ちます。報道のように、社会に広くシェアされるデータや図表は、しばしば一部を切り取られて謂《いわ》れのない非難を受けることがあります。もちろん正当な批判ならよいのですが、根拠なく偏向や捏造と断じられることも少なくありません。

きちんとデータソースや加工の方法を明記しておけば、無責任な非難が出回ることをある程度防げますし、自分自身や会社に届くクレームに対しても「加工方法は明記している」と毅然とした対応を取ることができます（完全には防げないのが悲しいことですが）。

もう1点、出典や修正履歴などを明らかにするメリットは、データの二次利用が増えることです。

東洋経済の新型コロナダッシュボードでは、上記で挙げたような対応を行い、厚生労働省から画像やPDFで公開されていたデータも再利用しやすい形で公開しました。修正履歴も「GitHub」というデータやコードを共有できるサイトですべてオープンにして、二次利用可能であることを明記しました。海外では米国ニューヨーク・タイムズや英国ガーディアンといった大手メディアがすでに行っている試みですが、おそらく日本の報道コンテンツとしては初めてだと思われます。

これにより、サイトそのものだけでなくデータも各所で使われることになりました。たとえば学術論文のデータベース「Google Scholar」で関連語句を検索すると、複数の学術論文で東洋経済のデータが使われています。また、Ｇｏｏｇｌｅは２０２０年夏（日本では11月）から２０２２年２月まで新型コロナの感染予測を公開していました（https://datastudio.google.com/u/0/reporting/8224d512-a76e-4d38-91c1-935ba119eb8f/page/p_diw36v84pc）（図８－７）が、トレーニングデータソース（予測の基礎となるデータ）の筆頭に東洋経済オンラインのダッシュボードを挙げています（https://storage.googleapis.com/covid-external/COVID-19ForecastUserGuide Japan_Japanese.pdf）。

他にも私の記憶している限りではテレビ番組、雑誌、YouTubeや病院、そしてブログやＳＮＳなどでデータが使われました。これらの影響を明確に数字で示すことは難しいですが、おそらくページ本体や東洋経済オンラインそのものへのアクセスによい影響を与えたであろうと想像しています。

ウェブサイトでデータ可視化を公開する場合、データやソースコードを隠すことは技術的に難しいものです。開発者用のツールを使えば、サイトのコードやデータは合法的にある程度覗くことができてしまいます。データを隠すことも不可能ではありませんが、開発効率やユーザーの利便性が著しく損なわれるのが現実です。「そのくらいならいっそのこと公開してしまえ」と独断で始めたGitHubでのデータ公開ですが、二次利用による認知度の向上は無視できないくらいに大きいというのが私の実感です。

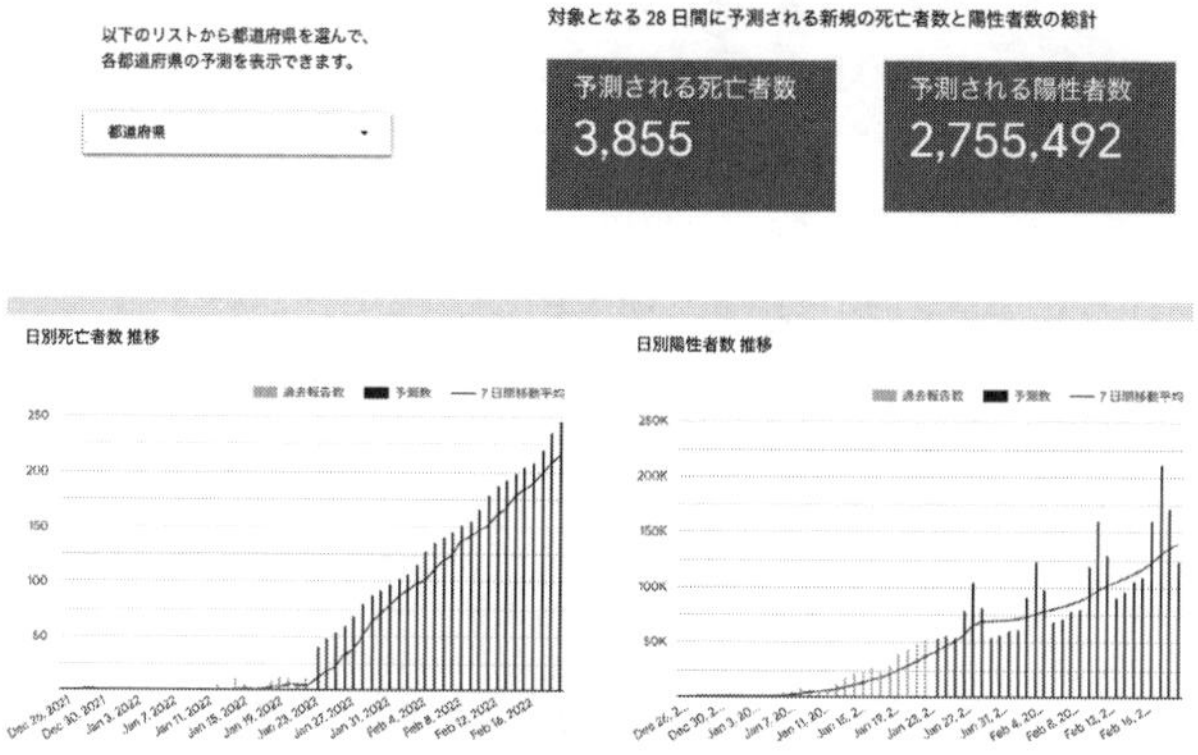

図8-7　Google「COVID-19 感染予測（日本版）」

これは報道だけではなくビジネスにおいても同様です。たとえば会社でデータ可視化のダッシュボードなどを使う人の中には、データに特別興味を持ってくれたり、あるいは自己流の分析を試してみたいユーザーもいるでしょう。そのようなユーザーに自分で触れるデータを用意すれば、ダッシュボードに対して新しい提案をしてくれたり、現場の仮説を自らデータで検証してくれたりするかもしれません。

なお、二次利用に際して忘れがちなのがライセンスの設定です。データを利用してもらう際には、「ここまでなら二次利用しても大丈夫、これは禁止」という規定を明記するほうが、後々のトラブルを避けるために有用です。データを使う側にとっても、許諾や料金が不要かどうかわからないデータを積極的にシェアしたいとは思わないでしょう。

ライセンスには、「この場合は要許諾」など独自に定義する方法と、既存のライセンス規約をそのまま援用する方法があります。新型コロナのダッシュボードでは「MITライセンス」という規定を使いました。マサチューセッツ工科大学（MIT）にて原文が作成されたライセンスで、誰でも自由にソースコードやデータを利用・改変してよい代わりに、利用する際は著作権者の明記を求めています。既存のライセンスには他にもCC（クリエイティブ・コモンズ）などがありますので、プロジェクトの方針によって選ぶとよいでしょう。

誠実にデータを伝える過程において重要なことはユーザーによる検証可能性を確保することであり、無根拠な非難を未然に抑止したり、データの二次利用を促進するメリットがあります。世にあるすべてのコンテンツがこうなるべきだ、とまでは思いませんが、データの公益性や話題性などに応じて上記のような対応を取ることは、自分たち自身のためにもなるのではないかと考えています。

第8章のまとめ

1）データ可視化は、そのわかりやすさゆえに差別や風評被害につながるおそれがある。特にネガティブな情報を可視化する場合は、あえて解像度を下げた伝え方をすることも検討する。

2）わかりやすく伝えることは大事だが、偏見や先入観を助長しないように気をつける。凡例や色使いを工夫することによって、ステレオタイプを和らげることができる。

3）誠実にデータを伝えるためにはユーザーの検証可能性を確保する。具体的には元データへのアクセスを可能にする、データの加工方法を明記する、修正を行ったらその履歴を明示すること。

第9章　データ可視化と報道

データ可視化が社会的に最も力を発揮する分野のひとつが報道です。この章では、データを使った報道がどのように発展してきたか、そして社会におけるデータ可視化の意義について解説します。

データによる報道はどのように進化してきたか

データの可視化や分析を活用した報道をデータ報道（データジャーナリズム）と呼びますが、確認できる古い事例のひとつが1821年の英国マンチェスター・ガーディアン（現在のガーディアン）による報道です（図9－1）。

現代よりもずっと文字サイズが小さく読むのが大変そうですが、右から2番目の列に見える表がそのデータです。これは、マンチェスターおよびサルフォード（どちらもイングランド北西部にある大きな都市）における学校別の生徒数と、政府の年間支出金額を表示しています。

ここでの支出額とは、貧困家庭向けの無償教育支援によって支出された金額です。すなわち、この表を見ると学校別の生徒数とあわせて「どれだけの生徒が貧困状態にあるか」がわかります。従来、政府の公式発表ではこれらの地区において貧困状態にある生徒は8000人程度だとされてきました。しかし、この記事によって実際にはその数が2万50

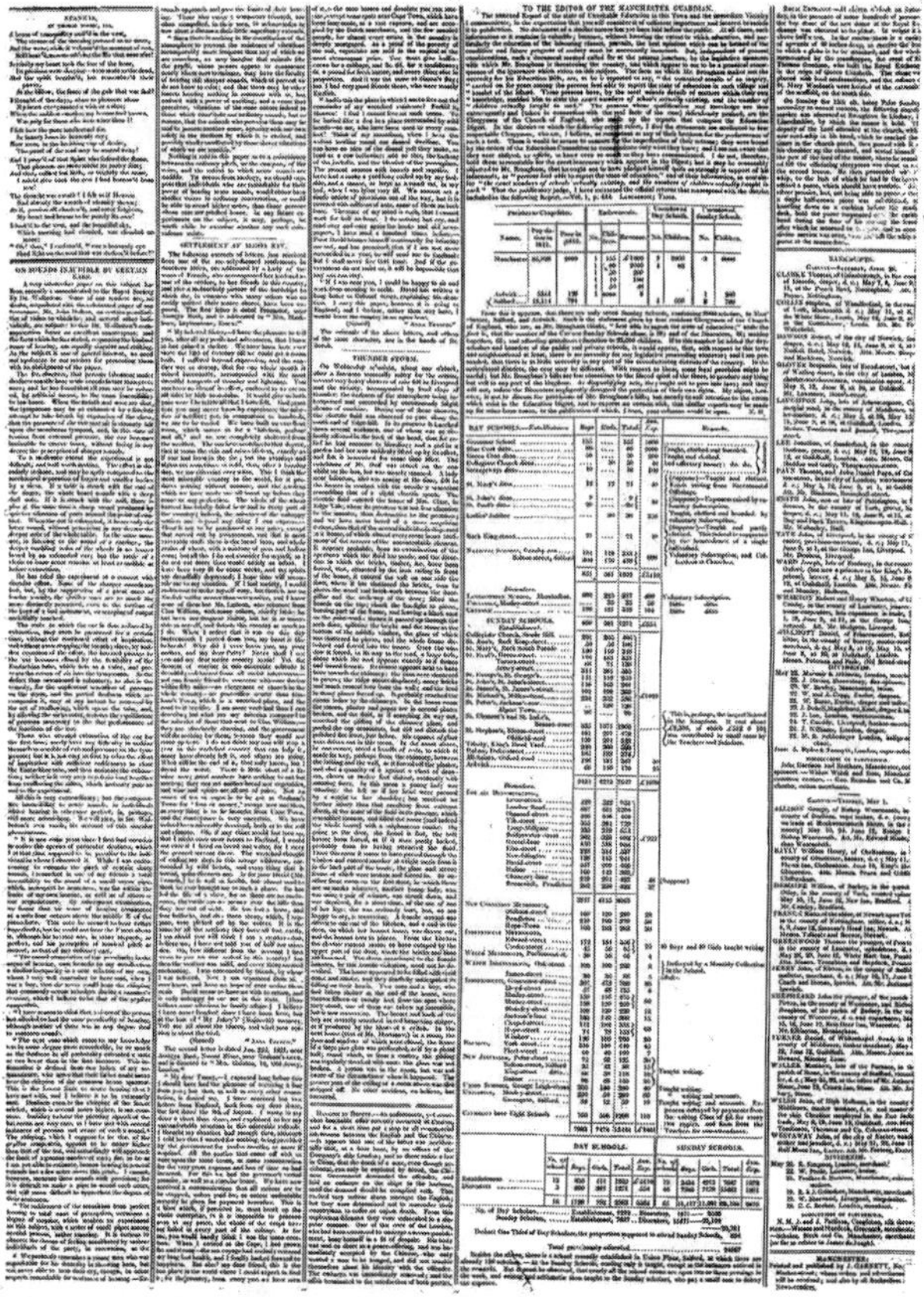

TO THE EDITOR OF THE MANCHESTER GUARDIAN.

THUNDER STORM.

DAY SCHOOLS.

SUNDAY SCHOOLS.

図9-1　The Guardian Data Blog
"The first Guardian data journalism: May 5, 1821"

00人近くに上ることが明らかとなりました。当時はこの報道が「センセーションを巻き起こした」とガーディアンの解説ブログには記載されています。

20世紀の後半に入ると、コンピュータの発達を報道にも活用する動きが出てきます。たとえばアメリカのテレビ局CBSは1952年の大統領選挙において「Univac」という名前のコンピュータ（世界最初のコンピュータ「Eniac」の次世代機）を使って選挙結果の予測を試みました。このような報道はCAR（Computer Assisted Reporting）と呼ばれました。

その後、1970年代に入ると社会科学や行動科学的な分析・研究手法を報道に活用する「精密ジャーナリズム（Precision Journalism）」と呼ばれる報道が現れます。精密ジャーナリズムの有名な事例が、1980年代にデータ可視化を報道に活用した「カラー・オブ・マネー（The Color of Money）」です（図9－2）。

ここに表示されている地図は、上の濃く塗られたエリアが黒人居住区、下が「銀行融資を受けている持ち家の割合が低い地域＝銀行が住宅に融資したがらない地域」を示しています。両者が見事に重なることを示し、黒人の持ち家オーナーに対して銀行が資金融資を渋る現状を報告したものです。この問題を報じた地元紙アトランタ・ジャーナルの記者ビル・デッドマン（Bill Dedman）は1989年のピューリッツァー賞を受賞しました。

2000年代に入ってコンピュータが「1人1台」の時代になると、データを活用した報道はさらに普及していきます。この時代の最も大きな変化は、何よりも読者が報道を体験する媒体が紙からデジタル端末（パソコン、初期の携帯電話、スマートフォンなど）に変わったことです。

たとえば２０１１年にイギリスで相次いで発生した暴動では、当時はまだ珍しかったG

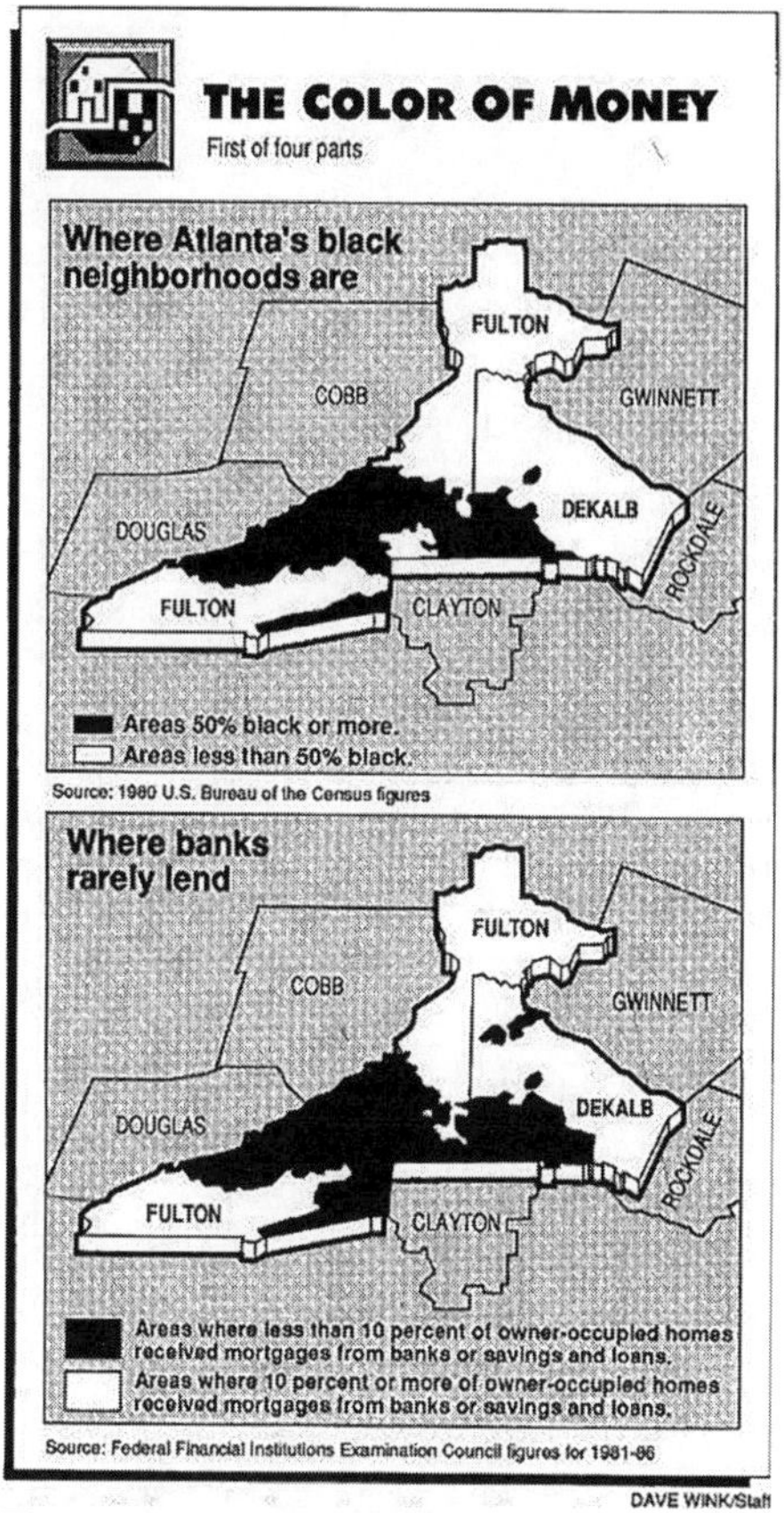

図9-2　The Color of Money
（画像：Power Reporting）

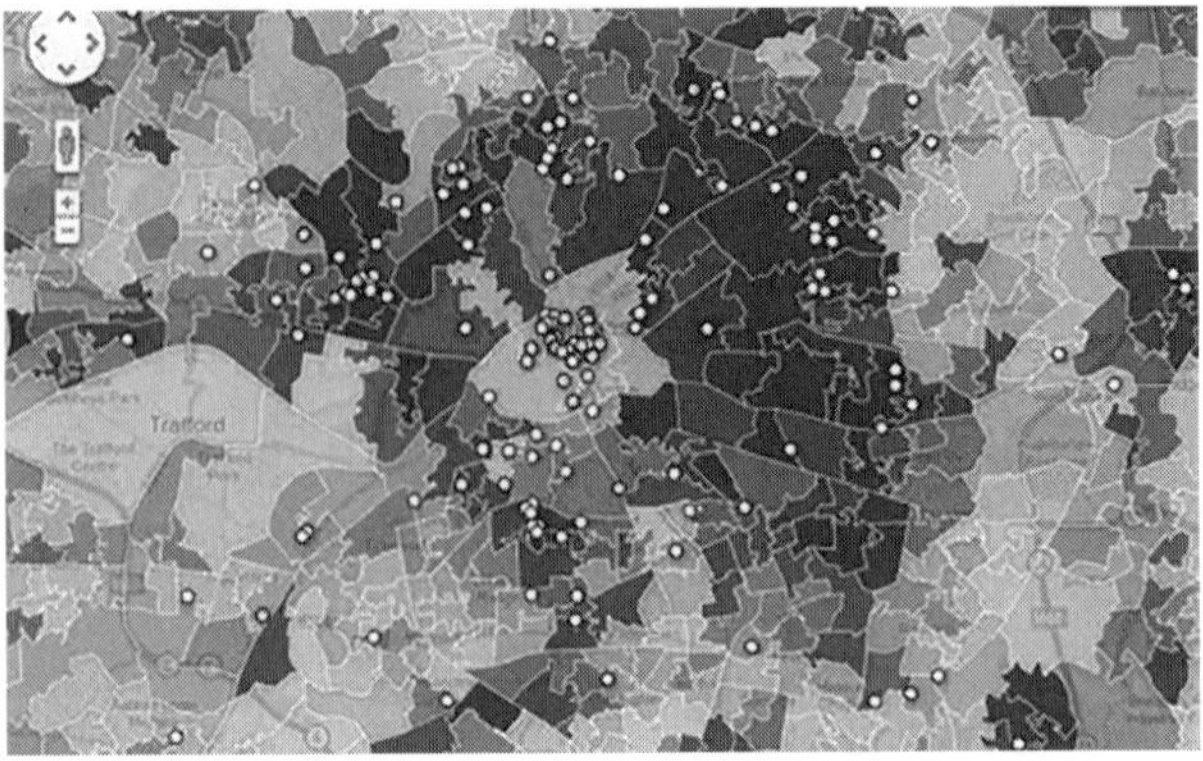

図9-3　The Guardian “England riots: was poverty a factor?”

oogleマップを使ったインタラクティブな地図をガーディアンが制作しています（図9－3）。

当時、イギリスではロンドン北部から波及して各地の都市で暴動が起こっていました。デーヴィッド・キャメロン首相（当時）は「暴動の原因は貧困ではない」としていましたが、これにデータで反論する形で制作された地図です。逮捕者の住所と地域ごとの相対的な貧困／富裕度を地図に表示し、逮捕者の大多数が貧困地域の出身者であることを示しました。

同時期、紙にはないデジタル端末の表現力を最大限に活用するコンテンツも出てきました。その嚆矢が２０１２年12月にニューヨーク・タイムズの発表した「Snow Fall: The Avalanche at Tunnel Creek」です。同年２月にワシントン州で起こった雪崩について、動画によるインタビュー、イン

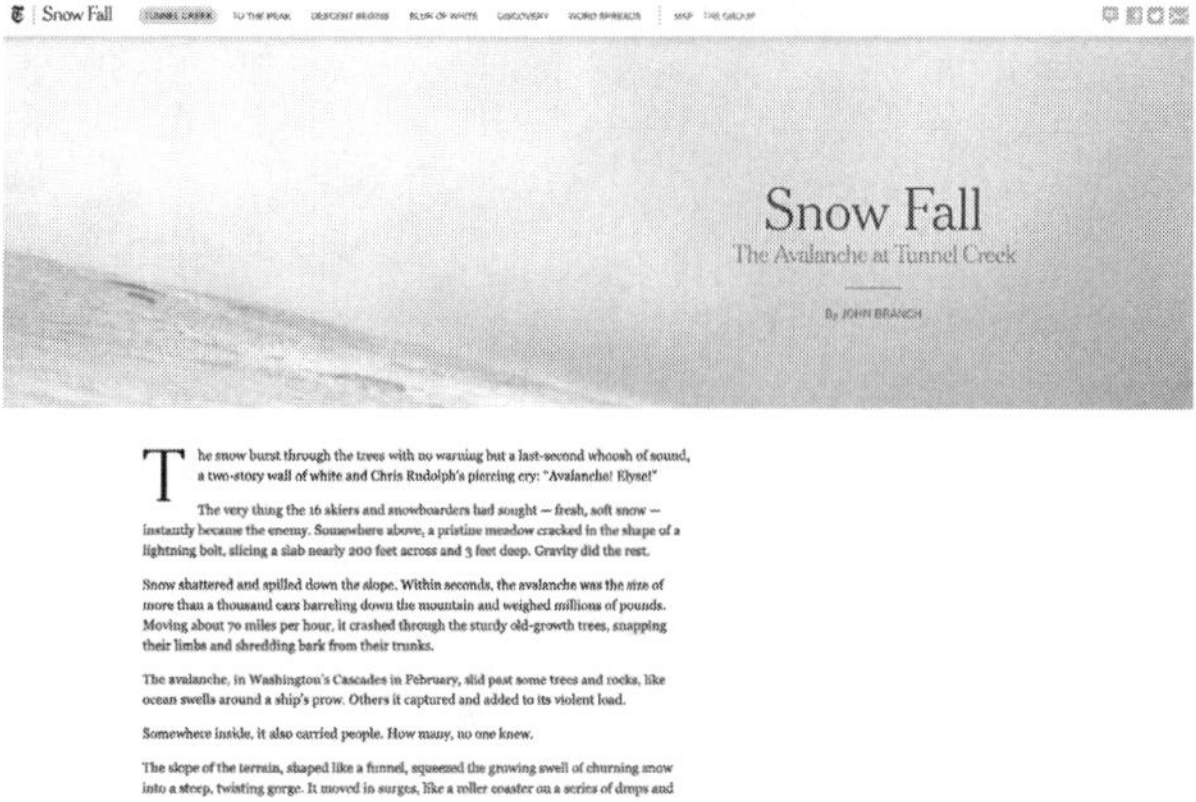

Snow Fall

The Avalanche at Tunnel Creek

By JOHN BRANCH

The snow burst through the trees with no warning but a last-second whoosh of sound, a two-story wall of white and Chris Rudolph's piercing cry: "Avalanche! Elyse!"

The very thing the 16 skiers and snowboarders had sought — fresh, soft snow — instantly became the enemy. Somewhere above, a pristine meadow cracked in the shape of a lightning bolt, slicing a slab nearly 200 feet across and 3 feet deep. Gravity did the rest.

Snow shattered and spilled down the slope. Within seconds, the avalanche was the size of more than a thousand cars barreling down the mountain and weighed millions of pounds. Moving about 70 miles per hour, it crashed through the sturdy old-growth trees, snapping their limbs and shredding bark from their trunks.

The avalanche, in Washington's Cascades in February, slid past some trees and rocks, like ocean swells around a ship's prow. Others it captured and added to its violent load.

Somewhere inside, it also carried people. How many, no one knew.

The slope of the terrain, shaped like a funnel, squeezed the growing swell of churning snow into a steep, twisting gorge. It moved in surges, like a roller coaster on a series of drops and

図9-4 The New York Times “Snow Fall: The Avalanche at Tunnel Creek”

タラクティブなグラフィック、航空映像、アニメーションなど様々なコンテンツを6部構成のストーリーにまとめ上げたものです（図9－4）。

このように、動画やグラフィックなどを駆使するコンテンツは「イマーシブ（＝没入感のある）・コンテンツ」と呼ばれます。取材記事、デザイン、デジタル技術を総動員して作られたこのコンテンツは「未来のオンラインジャーナリズム」とも呼ばれ注目を集めました。

このような経緯、そして新型コロナ禍を経て、現代の日本でも「データ報道」「デジタル報道」の機運が徐々に高まりつつあります。

報道機関がデータ可視化を行う意義

現代の報道機関がデータ可視化を行う意義は何か。最も大きなものは「デジタル時代に必要な表現力をつけるため」です。

紙とは異なり、ウェブサイトやスマートフォンアプリといったデジタル端末ではテキストや画像、動画以外にも様々な表現が可能です。アニメーションさせる、スイッチで切り替える、ドラッグで動かす、地図を拡大縮小させる……。デジタル端末の表現力を最大限に活用することで、テキストや画像では理解するのが難しい話題にも対応できるようになります。

本書で紹介してきた様々なデータ報道の表現をテキストで再現するのはまず不可能でしょう。ビジュアル表現が手軽に制作できるようになった現代では、より多彩なトピックに対する多彩な伝え方ができるはずです。

「データ可視化」の範疇には含まれないデジタル表現の例として、BBCはいくつかの質問に答えることでイギリスにおける自分の社会階級がわかるウェブサイトを立ち上げています（図9－5）。

こうしたデジタル表現に対応することで、今までの新聞、雑誌、テレビに慣れ親しんでこなかった人々にも報道を届けることができるようになります。

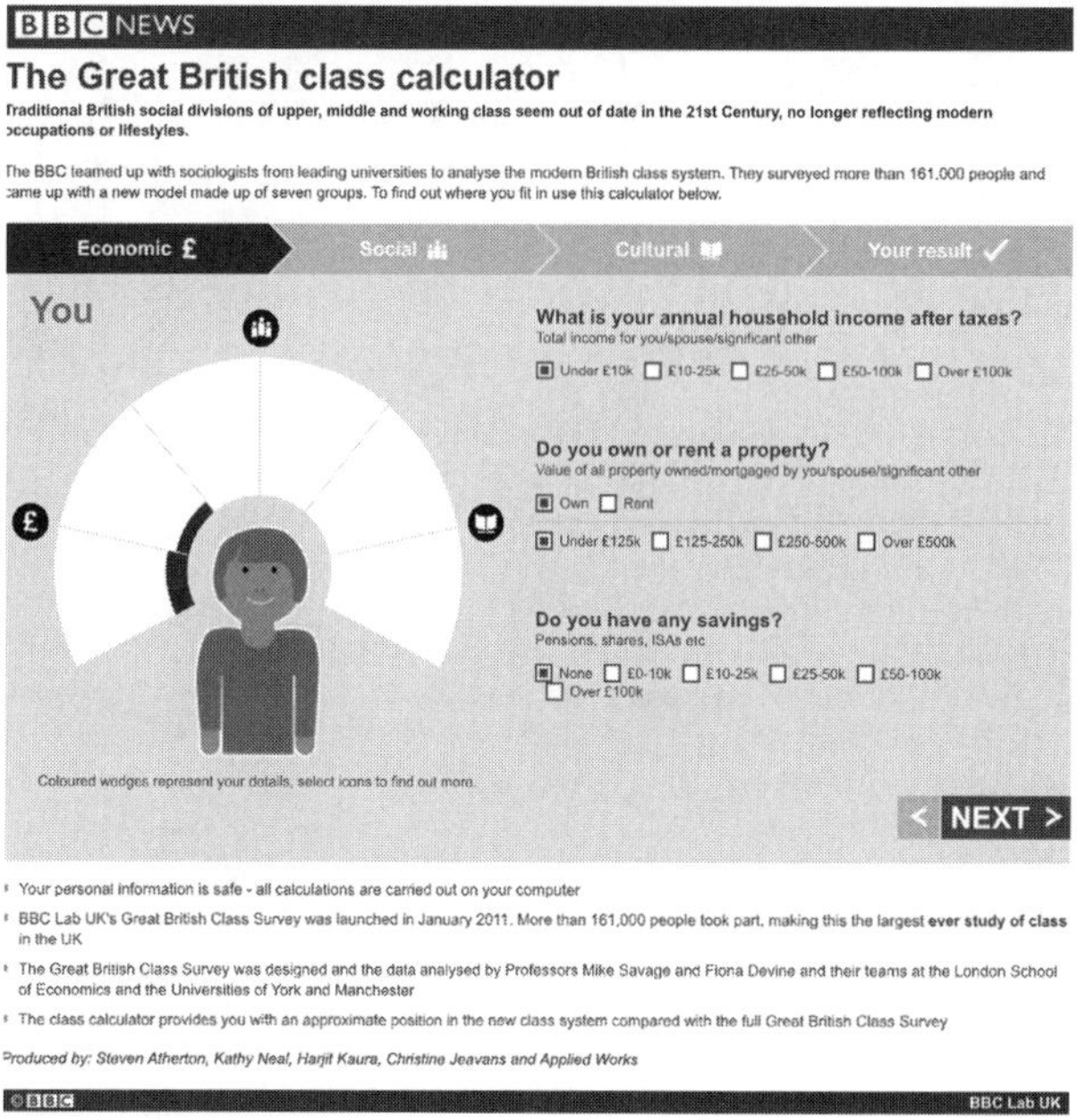

図9-5　BBC News “The Great British class calculator: What class are you?”

実際、東洋経済オンラインの新型コロナダッシュボードに対するSNSでの反応を見ると、東洋経済オンラインを普段は読まない、あるいは存在すら知らない人々からの反応が多く見られました。特に印象に残っているのがツイッターでの感想です。データソースの詳細な開示やテキストによらないデータの提示、ライセンスを明記した二次利用可能なデータ公開などの試みを指して「これぞ求めていた報道」「メディア運営にもこういうリテラシーが必要」といったコメントがありました。これらの投稿はそれぞれ数千回以上リツイートされ、明らかに東洋経済のダッシュボードが拡散する手助けとなっていました。私自身も大いに励みになりました。

新聞や雑誌の購読者が減り続ける中で、デジタル表現は特に若い世代の「潜在読者」と報道機関を結びつける役割を果たしてくれると考えています。

行政データが見づらい理由

「行政機関の公開するデータはわかりにくい」とよく言われます。政府や地方自治体の公開するデータは、ＰＤＦファイルやExcelファイルなどの表だけのケースが多く、それも印刷を前提として罫線やセル結合などが混在し（これを揶揄して「神エクセル」などと呼ぶことがあります）、「見づらいデータ」の代名詞のごとく扱われています。

最近ではTableauなどのようなダッシュボードツールを使ってグラフ形式でデータを公開する事例も増えていますが、「わかりづらい」という印象を崩すまでには至っていないようです。実際、私も「使いやすい！」と話題になった事例は見たことがありません。

最大の理由は「行政機関はデータを編集できないから」であると考えています。第３章「データを編集する（理論編）」では、伝わりやすいデータ可視化を作るためにはデータを選ぶ・絞ることが重要だと書きました。一方で、行政における最優先事項は公平性と中立性です。統計データの中には社会的に注目度が高い／低いもの、経済や社会への影響度が強い／そうでないものなど様々あるでしょうが、「全体の奉仕者」たる公務員はそれを自分たちだけで判断できませんし、すべきではありません。

そうすると、第3章で説明しているような「ユーザーの目的を推測してデータを絞る」といった工夫ができません。同じ理由で「かいつまんで簡潔に説明する」といった簡略化ができないのも大きな足枷です。求められる「正しさ」のレベルが極めて高いため、わかりやすさを犠牲にせざるを得ないといえます。

さて、社会におけるデータ活用の話になると「行政もデータ活用を推進してデータをわかりやすく発信すべき」という意見が見られますが、ここまで説明した公平性や中立性が失われるリスクを考えると現実的ではありません。ひとつの代替案は、行政と民間の役割分担です。データをあまねく日本全国から収集・集計することは、権限の面でもコストの面でも民間企業には真似できない、行政機関の役割です。行政機関はこちらに注力し、可視化や活用といった側面はある程度民間に任せる方法です。

好例が台湾のマスク在庫状況データです。新型コロナの感染が始まった2020年1月から2月にかけて、台湾では深刻なマスクの在庫不足に見舞われました。日本でもドラッグストアやスーパーマーケットなどにはなかなか入荷しない一方で、ネット上では高額で転売されていたのは記憶に新しいところです。

この状況を受けて、台湾の衛生福利部中央健康保険署が2月上旬にマスクの在庫状況を確認できるオープンデータを公開しました。CSV（テキストによる表）形式で30秒ごとに更新されるため、ほぼリアルタイムで在庫を把握することができます。このデータ提供はマスクの購入管理（ICチップ付きの健康保険カードを使ってマスクの購入枚数を管理し、週ごとの枚数が上限に達している場合はマスクを買うことができない）アプリの導入と同時に行われました。これにより、民間の企業や個人開発者がデータをマップなどで可視化する事例が数日で50以上できたとの報告もあります（https://note.com/hal_sk/n/nd5d71fa9ff5d）。

もし行政機関の力だけで可視化まで提供しようとしていたら、アプリやデータの導入はもっと遅れていたでしょう。行政と民間の連携がうまくいった好例です。

翻って本邦では、「行政もわかりやすく情報発信すべき」という声に押されてグラフまで行政機関で提供するものの、肝心のデータ公開は不十分なケースも散見されます。データが公開されてもPDF形式だったり、詳細な区分がなくグラフを作るために集計されたデータしかない場合もあります。行政と民間は同じアウトプットを作って競争するのではなく、うまく役割分担することが最終的な利便性を高めると私は考えています。

データ可視化の始め方

私がデータ可視化について講演や勉強会で話すとき、実はかなり多い質問が「上司や会社を説得してデータ可視化を始めるにはどうすればよいか」です。自身の立場や会社の状況によって適した方法は千差万別ですが、ここでは私自身の経験を書きます。

もともと私は報道にもデザインにも関わらない部署で仕事をしていました。大学の学部で社会心理学を専攻し、基本的な統計は学んでいたものの、プログラムを触ったこともありませんでした。新卒で配属されたのは記者や編集者の部署ではなく、『会社四季報』(東洋経済新報社)のような企業のデータベースを管理・運用して投資家や研究機関に提供する部署でした。

仕事をしながら独学でプログラミングを勉強して、データベースの設計やデータの扱いについて学びましたが、そのうちに「データを顧客に提供するだけではなく自分でも分析・可視化してみたい」と考えるようになり、デジタルデザインのスキルを身につけるためイギリスの大学院に留学しました。

周囲は学部時代からグラフィックデザインを学んできた学生や現役のデザイナーもおり、関連する知識のない私はかなり苦労した記憶があります。

帰国後はデジタル関連の業務を行う部署に異動となりました。早速、編集部の記者や編集者に「データ可視化を勉強してきました。データ報道に関わりたいです」と自己紹介をして回りましたが、よい反応は得られませんでした。私は当初「記者とチームを組んで取材や記事執筆を担当してもらい、自分がプログラム開発やデザインを行う」という形を考えていましたが、軌道修正をして「まずは小規模でよいので1人でコンテンツをすべて作る。コンテンツを作ってバズれば興味のある人が出てくるはず」とスモールスタートを切る方向にしました。振り返って考えれば、興味のないことを他人に勧めて「チームを組んでくれ」というのも都合のよい話であり、理解を得られなかったのも当然です。

組織においてデータ可視化を始める際は「説明するよりも見せた方が早い」というのが私の学びです。データ可視化そのものと同じですね。企画書やアイデアで人を説得するよりも、まずは作品を見せて「これが自分のやりたいことです」と伝えるのが結果的に最も早い。これはきっと今まで例のないことを始めるときに広く当てはまるでしょう。

次に「実際に見せる」ことになったときの話ですが、必ず作品を限界まで作り込んでおくことをお勧めします。よく「人に試作品を見せるときは70点の段階でよいからスピード重視で見せる」と言われます。しかし、未完成の試作品を見せてよいケースは、すでに何度も試作品から完成品を作る過程を繰り返しており、試作品を見ただけで完成形をイメージできる場合です。たとえば漫画であれば漫画家も編集者もネーム（大まかなコマ割りや台詞）や下書きから完成原稿をイメージできるでしょう。その共有知識があるからこそネーム段階で内容について議論できるのです。

しかし、見せる相手にデータ可視化の制作経験がない場合、そうは行きません。第5章「データをデザインする」にて「神は細部に宿る」と書いたように、細かな工夫の積み重ねがプロダクトの評価に大きく影響を与えます。あなたがこれからデータ可視化を社内に根付かせようとしている場合、多少時間がかかってもよいので自分で100点＝このまま世に出しても構わないと思えるようになるまで作り込むべきです。

私の場合も、基本的には他の仕事をしながら作品を作って編集長に見せていましたが、当然ながら作品のクオリティが低ければボツになります。たとえ掲載にこぎつけたとしても、結果としてアクセスがまったく箸にも棒にもかからなかったり、あるいは炎上してしまったら、データ可視化という試みそのものに疑問符がつきます。できるだけ慎重に作り込んでから見せるようにしていました。

このような経緯で私は少しずつ作品の公開を続けていきました。普段は編集部付エンジニアのような立場で業務効率化ツールやサイトのアクセス計測などをしながら、空いた時間でデータ可視化を作っていました。

このとき面白かった変化は「徐々に周囲の評価が変わっていった」ではなく「評価してくれる人が徐々に見つかった」ことです。いくら説得しても頑としてデータ可視化の価値を認めなかった人がいる一方で、私が思いもかけなかった部署や人物が「荻原くんのビジュアル、見たよ」と声をかけてくれることがありました。

嬉しい誤算のひとつが、「年配であってもデジタル表現に興味のある人はいる」ということです。私に声をかけてくれた同僚の中にはベテランと表現すべき世代が少なからず含まれていました。たとえば新型コロナのダッシュボードを運用していたとき、「8割おじさん」として知られていた西浦博・北海道大学教授（当時）に実効再生産数の掲載を提案したのも社内のベテラン記者でした。

考えてみれば数十年前と異なり、今の「中高年」と表現される世代であっても、身近にコンピュータがある時代を長らく経験しているわけです。以前のように「若者はデジタルに詳しい、中高年は疎い」というステレオタイプは役に立たないことを実感しました。

新しい試みについて言葉で人を説得するのは非常に難しいものですが、実際に見せる・実践することで思わぬ賛同が得られる場合もあります。データ可視化コンテンツを公開して世に問うこともまったく同じで、思いもかけなかった層に届く・伝わることが報道における新しい表現の価値だと考えています。

幸いなことに、データ可視化はビルの建設やオーケストラの演奏と異なり、一人でも始めることができます。各種のツールが発展した現代は、人類史上最もデータ可視化が簡単になり、かつ盛り上がっている時期と考えて間違いありません。そして私たちのデータ社会が持続するにつれて、さらにその重要性は増していくでしょう。

データ可視化は、最もイメージの難しい数字という情報から、最も直感的に理解できる視覚表現への翻訳です。ビジネスでも研究でも報道でも、使いこなすことができれば間違いなくあなたの強い武器になります。本書がその武器を自在に使いこなすための一助となれば幸いです。

第9章のまとめ

1）データを基点とする「データ報道」は1800年代からすでに始まっていた。その後、コンピュータの発展とともに表現手法も洗練され続け、現在に至る。

2）報道機関がデータ可視化を行う意義は、デジタル時代に必要な表現力をつけるため。テレビや紙の新聞に慣れ親しんでこなかった人々にも報道を届けることができるようになる。

3）会社や団体においてデータ可視化を始める際は、説明するよりも見せた方が早い。現代は歴史上最もデータ可視化が作りやすい時代であり、作り続けることで思わぬ「味方」が見つかることもある。

おわりに

「データ可視化に興味はあるのですが、何から始めればよいですか」

私が本書の企画を考え始めたきっかけが、このような質問でした。データの可視化やデータ報道について講演や授業を行うと、必ず一度は聞かれる質問です。

正直に書くと、この質問は私にとって非常に答えにくいものでした。というのも、私自身がデータ可視化を書籍や記事で学んだことがなく、その場その場で必要な知識を独学と実践から得てきたためです。自分の経験をそのままトレースすると「まずプログラムを書けるようになってから大学院でデザインを勉強して、仕事をしながら数年間制作を続けて……」となりますが、いくらなんでも現実的ではありません。

新型コロナ禍を経て、データ可視化に対する社会的な関心は高まりました。それにつれて「何から始めればよいか」と質問される機会も増えました。初めてデータ可視化を学ぶ人を想定し、「これを読むとよいですよ」と胸を張っておすすめできる本が一冊あれば役に立つのではないか、というのが出発点です。

最近では日本でも徐々にデータ可視化について扱う書籍が増えています。ただ、それらの多くは特定のツールの使い方や、グラフを作った「後」のデザインなどを解説するものです。もちろんそれらも重要ですが、いざ実際にデータを目の前にして思うことは「このデータをどのように表現すればいいのか？」という「作る前」の段階ではないでしょうか。

いくらデザインが美麗に仕上がっていても、軸の取り方やデータの解釈が的外れでは意義のあるデータ可視化は作れない。逆に言えばその基本さえしっかりと押さえれば、どんなツールを使っても的確なデータ可視化が可能になる。本書で特に意識したのは、すぐに役立つテクニックというよりは10年後も役立つ見方や考え方です。

本書は調査報道やノンフィクションのウェブサービス「スローニュース」（現在はサービス終了）にて連載した内容を基にしています。元々は報道に携わる人を読者層のメインに据えていましたが、連載終了後に半年かけてリライトと編集を行い、データ分析の仕事をする人や新入社員、学生など、広くデータに関わる人を対象とした本に仕上げています。

最後になりますが、慣れない執筆に四苦八苦する私にいつも的確なアドバイスを返していただいた講談社現代新書編集部の小林雅宏さん、そして本書における作品掲載をご快諾いただいた方々に心より感謝を申し上げます。

２０２３年１月６日

荻原和樹

N.D.C. 350　234p　18cm
ISBN978-4-06-530994-0

講談社現代新書　2694

データ思《し》考《こう》入《にゅう》門《もん》

二〇二三年二月二〇日第一刷発行

著者　荻原《おぎわら》和樹《かずき》

発行者　鈴木章一
発行所　株式会社講談社
東京都文京区音羽二丁目一二―二一　郵便番号一一二―八〇〇一
電話　〇三―五三九五―三五二一　編集（現代新書）
〇三―五三九五―四四一五　販売
〇三―五三九五―三六一五　業務
装幀者　中島英樹／中島デザイン
印刷所　株式会社ＫＰＳプロダクツ
製本所　株式会社国宝社
定価はカバーに表示してあります　Printed in Japan

「講談社現代新書」の刊行にあたって

教養は万人が身をもって養い創造すべきものであって、一部の専門家の占有物として、ただ一方的に人々の手もとに配布され伝達されうるものではありません。

しかし、不幸にしてわが国の現状では、教養の重要な養いとなるべき書物は、ほとんど講壇からの天下りや単なる解説に終始し、知識技術を真剣に希求する青少年・学生・一般民衆の根本的な疑問や興味は、けっして十分に答えられ、解きほぐされ、手引きされることがありません。万人の内奥から発した真正の教養への芽ばえが、こうして放置され、むなしく滅びさる運命にゆだねられているのです。

このことは、中・高校だけで教育をおわる人々の成長をはばんでいるだけでなく、大学に進んだり、インテリと目されたりする人々の精神力の健康さえもむしばみ、わが国の文化の実質をまことに脆弱なものにしています。単なる博識以上の根強い思索力・判断力、および確かな技術にささえられた教養を必要とする日本の将来にとって、これは真剣に憂慮されなければならない事態であるといわなければなりません。

わたしたちの「講談社現代新書」は、この事態の克服を意図して計画されたものです。これによってわたしたちは、講壇からの天下りでもなく、単なる解説書でもない、もっぱら万人の魂に生ずる初発的かつ根本的な問題をとらえ、掘り起こし、手引きし、しかも最新の知識への展望を万人に確立させる書物を、新しく世の中に送り出したいと念願しています。

わたしたちは、創業以来民衆を対象とする啓蒙の仕事に専心してきた講談社にとって、これこそもっともふさわしい課題であり、伝統ある出版社としての義務でもあると考えているのです。

一九六四年四月　野間省一

政治・社会

経済・ビジネス

350 経済学はむずかしくない〈第2版〉──都留重人
1596 失敗を生かす仕事術 畑村洋太郎
1624 企業を高めるブランド戦略──田中洋
1641 ゼロからわかる経済の基本──野口旭
1656 コーチングの技術──菅原裕子
1926 不機嫌な職場──高橋克徳 河合太介 永田稔 渡部幹
1992 経済成長という病──平川克美
1997 日本の雇用──大久保幸夫
2010 日本銀行は信用できるか 岩田規久男
2016 職場は感情で変わる 高橋克徳
2036 決算書はここだけ読め!──前川修満
2064 決算書はここだけ読め! キャッシュ・フロー計算書編 前川修満
2125 ビジネスマンのための「行動観察」入門 松波晴人
2148 経済成長神話の終わり アンドリュー・J・サター 中村起子 訳
2171 経済学の犯罪──佐伯啓思
2178 経済学の思考法──小島寛之
2218 会社を変える分析の力 河本薫
2229 ビジネスをつくる仕事 小林敬幸
2235 20代のための「キャリア」と「仕事」入門──塩野誠
2236 部長の資格──米田巖
2240 会社を変える会議の力 杉野幹人
2242 孤独な日銀──白川浩道
2261 変わった世界 変わらない日本──野口悠紀雄
2267 「失敗」の経済政策史 川北隆雄
2300 世界に冠たる中小企業 黒崎誠
2303 「タレント」の時代──酒井崇男
2307 AIの衝撃──小林雅一
2324 〈税金逃れ〉の衝撃 深見浩一郎
2334 介護ビジネスの罠──長岡美代
2350 仕事の技法──田坂広志
2362 トヨタの強さの秘密 酒井崇男
2371 捨てられる銀行──橋本卓典
2412 楽しく学べる「知財」入門──稲穂健市
2416 日本経済入門──野口悠紀雄
2422 捨てられる銀行2 非産運用──橋本卓典
2423 勇敢な日本経済論──髙橋洋一 ぐっちーさん
2425 真説・企業論──中野剛志
2426 東芝解体 電機メーカーが消える日 大西康之

E

心理・精神医学

331 異常の構造——木村敏
590 家族関係を考える——河合隼雄
725 リーダーシップの心理学——国分康孝
824 森田療法——岩井寛
1011 自己変革の心理学——伊藤順康
1020 アイデンティティの心理学 鑪幹八郎
1044 〈自己発見〉の心理学 国分康孝
1241 心のメッセージを聴く 池見陽
1289 軽症うつ病——笠原嘉
1348 自殺の心理学——高橋祥友
1372 〈むなしさ〉の心理学 諸富祥彦
1376 子どものトラウマ——西澤哲

1465 トランスパーソナル心理学入門——諸富祥彦
1787 人生に意味はあるか 諸富祥彦
1827 他人を見下す若者たち 速水敏彦
1922 発達障害の子どもたち——杉山登志郎
1962 親子という病——香山リカ
1984 いじめの構造——内藤朝雄
2008 関係する女 所有する男——斎藤環
2030 がんを生きる——佐々木常雄
2044 母親はなぜ生きづらいか——香山リカ
2062 人間関係のレッスン 向後善之
2076 子ども虐待——西澤哲
2085 言葉と脳と心——山鳥重
2105 はじめての認知療法——大野裕

2116 発達障害のいま——杉山登志郎
2119 動きが心をつくる——春木豊
2143 アサーション入門——平木典子
2180 パーソナリティ障害とは何か——牛島定信
2231 精神医療ダークサイド 佐藤光展
2344 ヒトの本性——川合伸幸
2347 信頼学の教室——中谷内一也
2349 「脳疲労」社会——徳永雄一郎
2385 はじめての森田療法 北西憲二
2415 新版 うつ病をなおす 野村総一郎
2444 怒りを鎮める うまく謝る 川合伸幸

趣味・芸術・スポーツ

620 時刻表ひとり旅――宮脇俊三
676 酒の話――小泉武夫
1025 J・S・バッハ――礒山雅
1287 写真美術館へようこそ――飯沢耕太郎
1404 踏みはずす美術史――森村泰昌
1422 演劇入門――平田オリザ
1454 スポーツとは何か――玉木正之
1510 最強のプロ野球論――二宮清純
1653 これがビートルズだ　中山康樹
1723 演技と演出――平田オリザ
1765 科学する麻雀――とつげき東北
1808 ジャズの名盤入門――中山康樹
1890 「天才」の育て方――五嶋節
1915 ベートーヴェンの交響曲――金聖響 玉木正之
1941 プロ野球の一流たち　二宮清純
1970 ビートルズの謎――中山康樹
1990 ロマン派の交響曲――金聖響 玉木正之
2007 落語論――堀井憲一郎
2045 マイケル・ジャクソン――西寺郷太
2055 世界の野菜を旅する　玉村豊男
2058 浮世絵は語る――浅野秀剛
2113 なぜ僕はドキュメンタリーを撮るのか――想田和弘
2132 マーラーの交響曲――金聖響 玉木正之
2210 騎手の一分――藤田伸二
2214 ツール・ド・フランス　山口和幸
2221 歌舞伎　家と血と藝　中川右介
2270 ロックの歴史――中山康樹
2282 ふしぎな国道――佐藤健太郎
2296 ニッポンの音楽――佐々木敦
2366 人が集まる建築――仙田満
2378 不屈の棋士――大川慎太郎
2381 138億年の音楽史　浦久俊彦
2389 ピアニストは語る　ヴァレリー・アファナシエフ
2393 現代美術コレクター　高橋龍太郎
2399 ヒットの崩壊――柴那典
2404 本物の名湯ベスト100　石川理夫
2424 タロットの秘密――鏡リュウジ
2446 ピアノの名曲――イリーナ・メジューエワ